紐約時報暢銷作家、連續創業家
**Noah Kagan** 諾亞‧凱根
&
**Tahl Raz** 塔爾‧拉茲

# 一個週末！
# 打造千萬事業

## 七次創業都成功，創造財富破億！

超簡單公式教會你
找到需求 ✕ 設計方案 ✕ 持續成長
將收益最大化

# Million Dollar Weekend
## The Surprisingly Simple Way to Launch
## a 7-Figure Business in 48 Hours

林宜萱———譯

高寶書版集團

## 獻詞

本書獻給願意給自己機會的每一個人

# 目錄
## CONTENTS

## 第一部　開始
重新發現你的創造者勇氣

## 第二部　打造
透過百萬美元週末流程啟動你的事業

# 目錄
## CONTENTS

## 第三部　成長

睡覺時讓錢繼續流進來

# 最常見的藉口

　　歡迎閱讀這本書，它將幫助你在週末啟動百萬美元的事業。我們通常都認為自己永遠沒有準備好的時候……但其實你已經準備好了。事實是，每天都有普通的一般人在開展有利可圖的事業。你不必富有、聰明或經驗豐富。

　　但過去的確有一些「藉口」阻礙了你往前進。這種事再也不會發生了。以下是我們即將推翻的十個最常見藉口，本書各章節剛好也是依據它們來規劃：

## 1.「我沒有什麼好點子。」

　　但你一定會有「問題」，你的朋友和這世上的每個人也都有問題。這就是產生百萬美元事業點子所需的一切。在學習第三章中的「客戶第一」方法之後，你將擁有比想像更多的事業點子。

## 2.「我的想法太多了。」

　　選擇你認為做起來最有趣的三個想法。在第四章中，

你會學習如何使用市場研究和一分鐘商業模式，來確定三個想法中的哪一個最有潛力。

### 3.「創業有風險。辭掉工作會讓我很緊張。」

把你的一生花在討厭的工作上、和你不喜歡的人在一起、解決你根本不關心的問題才是冒險。你不用放棄你的日常工作，只要在清晨、晚上和週末妥善利用第五章談到的百萬美元週末流程。當你驗證了一個點子確實可行，而你的收入也已足以支付每月最低開支（又稱自由數字），到那時再辭職。我已經這樣做過兩次了。

### 4.「我創辦了幾個不同的事業，它們發展得還好，然後我就失去興趣了。」

噢。這些業務中的任何一項都可能是你想要的。不開始和不結束都來自於一組類似的恐懼（在第一章中會進一步介紹）。你還會學習 100 法則，幫助你在想要放棄時克服阻力。

### 5.「但是，要如何擴大業務規模呢？」

這句話會阻止你獲得第一個客戶。請保持對自己簡單

和容易的方式，不用考慮「擴展」，專注於「開始」。我們到第三部分「發展業務」時會討論如何擴展業務。

### 6.「我沒有足夠的時間來創業。」

　　尋找可以自動化的流程，或記錄部分業務，聘請他人協助。我的生產力系統（第九章）使我能夠經營一個八位數美元的事業、一個 YouTube 頻道和一個部落格，同時可以每天健身、旅行等等。如果是優先事項，那就一定可以騰出時間。

### 7.「我需要讀更多的書，做更多的研究，做好充分的準備才能真正開始。」

　　你永遠不會覺得百分之百準備好開始。你只需要開始。在完成這一過程並開始百萬美元事業之前，不要再購買另一本書或觀看其他影片了。放心，有我在。現在就行動吧（請見第一章）！

### 8.「我已經徹底破產了。我花了那麼多錢，卻沒賺到半毛錢。」

　　在賺到第一塊錢之前，不要再花一毛錢了。百萬美元

週末流程（第五章）可不需要你預先支出任何費用。

## 9.「我不擅長行銷。」

當你擁有人們想要的產品時，行銷是很容易的。第三章會一步一步向你展示如何找到讓人們樂於給你錢的事業點子。然後，第六、七、八章將介紹我用來幫助 Mint 在 6 個月內吸引百萬用戶，以及幫助 TidyCal.com 在 6 個月內吸引 1 萬名付費客戶的行銷方法。

## 10.「我需要一個技術聯合創始人來引進 Al ／ VR ／ AR ／ 最新技術。」

不，你得先賺錢。你的客戶不需要更多軟體，他們需要的是解決方案（第三章）。專注於這一點。有一些你負擔得起的方法，讓你無需任何程式技術就能驗證事業是否可行。

# 從這裡開始

在我自己創辦了價值 800 萬美元的事業（Kickflip、Gambit、KingSumo、SendFox、Sumo、Tidycal、Monthly1K、AppSumo）之後，我想證明我可以教別人做同樣的事情。

在嘗試分享這個過程時，我發現它其實只包含了幾個核心步驟。我將這三個步驟稱為「百萬美元週末流程」：

1. 找出人們遇到的問題，而且是你可以解決的問題。
2. 打造一個難以抗拒的解決方案，並透過簡單的市場調查驗證其是否具有百萬美元以上的潛力。
3. 在打造業務之前先預售，不花半毛錢來快速驗證你的點子是否可行。

我知道這是有效的，因為之前遵循這一流程的每個人，最終都開展了有利可圖的副業或事業。

例如邁克爾・奧斯本（Michael Osborn）：他透過這三

個步驟將他對房地產的興趣變成了每月 8 萬 3,000 美元的諮詢顧問業務。

還有珍妮佛‧瓊斯（Jennifer Jones）：她創辦了一個每年 2 萬美元的餅乾斜槓事業（我要巧克力脆片口味！）。

又或者像丹尼爾‧雷芬伯格（Daniel Reifenberger）：他將蘋果專賣店的工作變成了一項年收入 250 萬美元的事業，指導人們如何使用科技。

問題是，在每一個麥可、珍妮佛和丹尼爾之後，我的社群媒體訊息中就有成千個「想要創業家」。這對我來說是一個很大的謎：如果創業所需的所有資訊都是免費的，如果你只要承諾投入於百萬美元週末流程就能發揮作用，為什麼對這麼多人來說會這麼難呢？

2013 年，我著手解開這個謎團，推出了一門名為「打造月收入 1,000 美元事業」的課程。我從一個五人測試小組開始──一名程式設計師、一名馴馬師和三名從事普通日常工作的人──他們都擁有開創自己事業所需的一切。

開始兩週後，我驚訝地發現整個團隊幾乎零進展。為了了解發生了什麼，我聚集所有人到一個房間裡，進行了創業團體治療，打破阻礙他們前進的因素。

事實證明，背後的原因並不是缺乏技能、欲望或智

慧。整個團隊都因同樣的兩種恐懼而無法踏上正軌：

## 1. 害怕開始。

在某些時間點，人們被告知創業是一個超級大的風險，而你也相信了這一點。你認為更多的準備、更多的計畫以及更多與朋友的交談會幫助你克服不安全感。但這種不作為只會滋長更多的懷疑和恐懼。事實上，如果想要學習我們需要知道的東西，並成為我們想成為的人，最好的方法就是開始。持續重複小型的實驗，是發展事業轉型以及人生轉型的祕訣。

## 2. 害怕開口問。

開始後不久，就會開始出現對拒絕的恐懼。你擁有一些令人印象深刻的技能，一個令人驚嘆的產品以及種種優勢，如果你不能面對別人並開口提出你想要的，就永遠不會賣掉任何東西。無論你希望他們購買你所銷售的產品，還是以其他方式提供協助，都必須提出要求才可能獲得。一旦你將「拒絕」重新定義為某種令人想要的東西，提出請求的行為本身就變成了一種力量。

　　我幫助了這個早期團隊以及此後的數千人克服這些障礙，如果你堅持讀完這本書，我將幫助你克服這些恐懼，並開展你的百萬美元事業。

　　從現在開始，你在本書中以及之後所做的一切，都應該被視為一種實驗。對於擔心「創業是一件令人畏懼的大事」的人來說，這是一個深刻的轉變。實驗本來就應該會失敗。如果失敗了，你只需要汲取你從其中學到的東西，然後以稍微不同的方式再試一次。

　　以我自己和多年來遇到的任何一位超級成功企業家、成功斜槓者為例。這說來很不可思議，但幾乎所有人都有一個共同點，那就是我們試圖推出大量看似隨機的東西，這可以追溯到我們的童年。線上課程、自行出版的書籍、諮詢顧問業務、Airbnb、聯盟行銷、YouTube 頻道、大學交友網站等等……

　　以我們所有人的例子來說，這些項目幾乎都失敗了！

　　那麼，這些隨機失敗與我們最終的成功之間有什麼關聯呢？關鍵顯然不在於我們的專業知識，而是因為我們願意進行小實驗。

　　我們最終的成功是「嘗試更多事情」這個事實的副產品。這就是我所說的「創造者勇氣」（Creator's Courage）。

我相信每個人都天生具有這種勇氣，對於失去這種勇氣的人來說，本書將幫助你重新找到這種提出想法（開始）並有勇氣嘗試（開口要求）的能力。

回顧你早年的生活，你很容易想到一些「可怕」的事情，在你嘗試了之後就變得不那麼可怕了。還記得你第一次嘗試騎自行車的情景嗎？在水下屏住呼吸？爬樹？走路？這種反覆試誤的混亂在現在看來可能不舒服，但那些我們不怕跳進泥巴裡、弄髒雙手的時候，是我們學得最快也享有最多樂趣的時候。

跳進去是最重要的。最勇敢的創造者只會跳更多次，儘管他們懷有恐懼——而成功的產物最終會隨之到來。如果你追溯每家大公司的發展源頭，你會發現它們都是從跳入未知世界、展開一個小小實驗開始的：

蘋果：最初是兩個人試圖製造一個可以隨身攜帶的電腦套件。

Facebook：最初是一個週末專案，類似大學生的交友配對軟體。

特斯拉：以電動車原型車開始，說服汽車公司轉向電動化。

Google：最初是一個研究專案。

Airbnb：最初是在一個週末、在會議期間在某人家客廳過夜的地方。

可汗學院：最初是薩爾・可汗（Sal Khan）為他表妹製作的一組 10 分鐘教學影片。

AppSumo：最初是我以折扣價格購買所愛軟體的方式。

大多數人從不拿起電話，大多數人從不開口問。有時，這就是實行者與夢想者的差別。你必須行動，而且必須願意失敗。

—— 史蒂夫・賈伯斯（Steve Jobs）

商業只是一個「開始和嘗試新事物，詢問人們是否願意為這些付費，然後根據你所學到的再次嘗試」的無止盡循環。如果你害怕開始或詢問，就無法進行實驗；如果不進行實驗，就無法開展事業。

這與意志力或自律無關。沒有人會嘮叨、責罵或恐嚇你去創業。我個人最喜歡的創業方式就是要好玩、有趣！

人們以樂趣的名義做各種可怕的事，創業也不例外。讓它變得有趣，你就會克服恐懼。

那麼，就讓我們來開心地玩一玩吧！創業是一個了解自己、玩轉創意、解決自己問題、幫助他人並始終獲得報酬的絕佳機會。以這種方式來面對它，會釋放你的想像力，讓你減少對自己的批判和苛責，並讓你敞開心扉，進行我希望你實施的那種有趣實驗。

這將是你多年來最有趣、最有成效的週末！

為什麼只用一個週末的時間？因為這樣你就沒時間膽怯了！

我從上千的學生身上發現，將時間限制在週末（這是每個人都有的時間）會迫使你發揮創造力，將注意力集中在重要的事情上，讓你知道自己在限制之下可以做多少事情。你只有 48 小時。

本書的每一章都包含我發展讓「想要創業家」走出舒適區並進入終點區的挑戰，所有內容都是經過嘗試和測試的。當你按照我的指示來接受這些挑戰、克服恐懼時，你也將在過程中一步一步發展出自己的百萬美元事業。

以下就是你的百萬美元週末之旅的結構：

## 第一部：開始

------------------------------------------------

　　請在週末前的三到四天內完成第一部分。這些章節將重新激發你的「創造者勇氣」，讓你做好在週末開始行動的準備。

　　在第一章中，我將展示如何應用「重點是現在，而不是如何」的心態，這對實驗至關重要。然後計算你的「自由數字」，讓你清楚正在努力的方向。

　　在第二章中，你將會了解「拒絕目標」，以此幫助自己強化「提問肌肉」。你將進行改變人生的「咖啡挑戰」，展示你是多麼無所畏懼。同時你會練習開口要求的技巧，這將使你有能力建立百萬美元事業。

## 第二部：打造

------------------------------------------------

　　就是這裡！你的百萬美元週末在此展開！在此，我將逐步引導你經歷百萬美元週末流程。你將在其中學會設計、驗證和啟動你的千萬週末事業。

　　在第三、四和五章（也就是週五、週六和週日）中，你將把事業從零推進到 1 美元，並贏得前三位客戶。為了

實現這一目標，你將學習產生可獲利事業點子的技術，確定哪些點子具有發展為百萬美元事業的機會，然後接受 48 小時挑戰以獲得第一批付費客戶。

　　我希望你能夠快速動作，並專注於將點子推進到第一個客戶。找不到真正的客戶付費嗎？太棒了！我們將慶祝你的勝利性失敗（這花不了多少時間和金錢），並快速開始驗證下一個事業點子。請記住，你所需要的僅僅是一個週末的時間！

## 第三部：成長

　　讓你獲得第一個 1 美元生意的，也將讓你獲得第一個 1,000 美元事業。擴展到 10 萬美元、接著到百萬美元的規模就是個大躍進，需要創造一個成長機器。對個人創業家來說，當今最強大的成長工具是內容創建、受眾建立和電子郵件行銷系統。我們會在第六章和第七章建立這個系統。

　　每一章的核心都是一個為你事業帶來具體資產的挑戰。在第八章中的資產是以實驗為基礎的行銷方法，它幫助我在短短 6 個月內，將 Mint.com 從零用戶發展到百萬用戶。它在 Mint 非常有效，因此我現在對於所推出的每一

個新產品、服務或公司都使用這種以實驗為基礎的行銷方式。第九章將注意力從企業轉移回到你自己的個人發展。既然你是創業家，就要對自己的生產力、培訓、成長和時間負責。你需要一種不同的方法、不同的系統來組織日常生活，將整體幸福感放在第一位並追求其最大值。（不然為什麼要做這些改變，對吧？）這最後一章不僅是關於建立一個事業，而且是打造你會熱愛的人生。

# 挑　戰

## 百萬美元週末合約

　　能從這些內容中獲得成功的人都會做一件事：他們投入承諾於這個過程中，並徹底執行。

　　我希望你能夠成功，邀請你簽訂以下這份合約，承諾自己會執行書中所列的每一個步驟。

　　是你創造夢想人生的時候了。這份合約將使你對未來感到興奮，並在需要時提供必要的動力。


　　與自己簽訂契約


　　我，_____〔你的名字〕，致力於實現我的夢想，在整個經歷中享受樂趣、面對我的恐懼，並接受本書中的每一個挑戰。


　　在讀完《一個週末！打造千萬事業》後，我期望的夢想結果是：_____

_____

_____

　　簽名：_____

　　日期：_____

**有關百萬美元週末的免費資源：**

**期刊、腳本、範本等等延伸資源**

　　如果你想擁有自己的日誌來記錄這段百萬美元週末歷程，請至 **MillionDollarWeekend.com** 網站下載日誌範本。

　　你寫在這些筆記中的某些潦草字跡可能會成為百萬美元事業。最成功的學生會用日誌記錄自己的進步，幫助自己保持專注並吸收想法。

　　我也提供了書中提及的所有模板、腳本和影片教學。如果你不喜歡打字，也可以掃描 QR code。這些資源完全免費，請享用！

百萬美元週末網站

第一部

# 開始

**重新發現你的創造者勇氣**

在通往真理的道路上，人們可能會犯兩個錯誤……

沒有一路走下去，以及沒有開始。

——佛陀

第一章

# 別廢話，開始吧

準備好之前就開始

「諾亞，今天是你在這裡上班的最後一天了。」

2006 年 6 月的那一天與其他日子沒有什麼兩樣。我在 Facebook 的房子裡醒來，我和其他同樣在馬克・祖克柏夢想世界中工作的人一起住在這裡。

那天早上，我們一起開車去了 Facebook 位於帕洛奧圖的辦公室。我坐下來，開始對我協助開發的一項名為「狀態更新」的新功能進行一些修改。突然，僱用我的那個人（現在身價超過 5 億美元）說道：「嘿，我們去對街的咖啡店談談工作吧。」

自從我被僱為 Facebook 第 30 名員工以來，已經過了 9 個月 8 天又 2 小時左右。我當時才 24 歲，而我和一群我所

見過最聰明的人們一起工作，領導者是一個男孩，即使在那時，他似乎也是他們當中看來最聰明的一個。

常春藤聯盟畢業生。聰明的大腦。程式設計師和創業專家。我們所有人都在做自己認為世界上最重要、最有影響力的工作。我持有 Facebook 0.1% 的股票，這些股票在 2022 年的價值約為 10 億美元。那簡直是天堂。

生活節奏很快。幾秒鐘之內，我就從史上最美好生活中跌入深深的羞恥和尷尬。

馬特‧科勒（Matt Cohler，早期 Facebook、LinkedIn 和 Benchmark 的普通合夥人）稱我為「負擔」──從那時起，這個詞就一直在我的噩夢中迴響。

最顯著的原因是：我和同事參加科切拉（Coachella）音樂節時，我向一位著名的科技記者洩露了 Facebook 要將業務擴展到大學生之外的計畫。

我當時在自我推銷，利用我在 Facebook 的角色和經驗，在辦公室舉辦創業聚會，並在我的個人網站上撰寫部落格文章。隨著公司從嬰兒成長為龐然大物，那些讓我在創業混亂中茁壯成長的才能，卻變成了公司結構中的負擔。

「我能做些什麼好留下來嗎？任何事都行。」我懇求道。馬特只是搖了搖頭。20 分鐘後，一切已成定局。

接下來的 8 個月裡，我縮在朋友家的沙發上，整個人沉浸在悲傷中，剖析發生的一點一滴。這是一個決定性的時刻，區別我人生的「之前」和「之後」。

從我被 Facebook 聘用，周圍都是這些總是談論改變世界的超級宅宅的那一刻起，我內心的一部分就期待著這樣的事情發生。那樣的環境讓我對自己是誰以及我能提供什麼缺乏安全感。我和那些傢伙不是同類，這是我多年前在高中時就接受的痛苦事實。

我在加州出生，在聖荷西長大。我父親是來自以色列的移民，不會說英語，或者說他說得不好。他賣影印機，而我知道我不想做那一行，拖著影印機兜售是一項繁重又出汗的艱苦工作。我媽媽在醫院當夜班護理師，她討厭這份工作，我也不想做那樣的事。

我最終能進入林布魯克高中（美國排名前 100 的高中之一）純粹是運氣。我是灣區一所競爭激烈的學校裡的一個普通孩子，學校裡都是美國科技菁英的兒女。我最好的朋友馬堤後來在 Google 擔任資深開發人員；另一個好朋友鮑瑞斯是 Lyft [1] 的第 20 名員工；還有人以數百萬美元將公

---

1 美國的共享乘車服務公司。

司賣給了 Zynga[2]。和這些人在同一所學校讓我開拓了眼界，也提升了我的水準。

但這並沒有讓我成為他們中的一員。為了進入柏克萊大學，我必須從側門溜進去。我能進入柏克萊春季學期的傻瓜班（他們稱之為推廣班），只是因為另一位新生輟學了，空出一個名額。更糟的是，在我大一的時候，我這個土生土長的美國人被安排參加 ESL 課程（為以英語作為第二語言的學生所開的課！），因為我在 SAT 考試中的英語成績很差。老實說，我不知道柏克萊為什麼會同意讓我進來。

我的職業生涯早年充滿了「幾乎成功」。大三時，我在微軟實習。一般情況下，任何在微軟實習的人都會找到工作。但我求職被拒，因為我在面試中表現不佳。然後我在 Google 首次公開募股前得到工作機會，後來 Google 又取消了我的工作機會，因為我不會做長除法。長除法！

然後，馬克・祖克柏當然也會解雇我。

在那一刻，我覺得自己不值得成功。我還不夠好。感覺像我已經輸掉了比賽，而我周圍的每個人都比我強。有

---

2　美國的社交遊戲開發公司。

時我仍在這些感覺中掙扎。

然而，即使在那時，我也知道我有某種東西，一種火花——或者實際一點，一種創造火花的能力。但我的天賦是粗糙、混亂的，一種還不算技能的天賦。我有一種「選擇絕佳機會」的特殊本領，卻一直失敗。

在被 Facebook 解僱後，我在沙發上翻來翻去，感到羞愧。我無法想像自己往後的人生中還會發生比這更糟的事情。那時我距離能享有部分退休金權益的時間只差 3 個月（別提醒我）。我的信心被擊垮。也許它們是對的？它們說我一文不值，說我無能、差勁。

**它們**是指我腦海中的聲音。

雖然當時我無法告訴你這一點，但那段時期出現最好的事情就是這個體會：我必須弄清楚如何以自己的方式創業，並在過程中分享這些經驗。

所以我不再隱瞞任何事。我把我的「失敗」告訴所有人。多年以後，它甚至成為了一張名片：「被 Facebook 開除的人」。人們喜歡它！我對他人怎麼看我的擔憂完全被自己放大了。

在內心深處，我因自己的失敗而感到解脫——我顯然不是因為不斷被解僱和損失數十億美元而解脫，但我的確

擺脫了對於「用自己的方式做事」的恐懼；我開始自由地
玩耍和實驗，找到自己的道路。

　　結果，它點燃了屁股下的一把火，讓我靠一己之力走
下去。

## ▌◤ 實驗

> 　　向我展示一位實驗者，從長期來看，我會向你展
> 現一位未來的獲勝者。
>
> 　　　　　　　　　　——夏恩・普利（Shaan Puri），
> 　　　　　　　　　　　　企業家、投資人及 Podcaster

　　於是我又開始了。

　　接下來的幾年裡，我抓住每一個商業機會，不管有多
隨機。我幻想一些龐大、引人注目的成果，來補償我的自
我價值；更重要的是，我要向馬克・祖克柏展示他犯了一
個多麼大的錯誤。

　　我當時年輕、愚蠢又魯莽，但我也學得很快（請來點
蒙太奇式音樂）。我很快就創辦了一個線上體育下注網站，
意識到自己討厭體育，然後又突然跑去南美和東南亞旅行

了一段時間。這是一項無休止的實驗，是關於種種副業、網站創意和生活方式設計的冒險。我做了這些事：

- 在韓國濟州島教授網路行銷
- 為 ScanR 和 SpeedDate 等新創公司提供諮詢
- 設立新創企業與創投的躲避球錦標賽系列
- 為我的網站 OkDork 撰寫部落格，並推出 Freecallsto .com，參與新興的網路電話產業
- 推出個人化的 CRM 網站：peoplereminder.com
- 啟動 Entrepreneur27.org，舉辦歡樂時光和西洋棋聚會等當地活動
- 建立一個名為 CommunityNext 的會議業務，開始為每場活動帶來 5 萬美元的收入，做我本來會免費做的事情 —— 聚集新興事業名人，如凱斯 · 羅柏伊（Keith Rabois）、麥克斯 · 列維欽（Max Levchin）、大衛 · 薩克斯（David Sacks）以及提姆 · 費里斯（Tim Ferriss）。

正是在這段時間內，百萬美元週末公式的變數全都聚集在一起⋯⋯不只是創業所需，更是因創業而得以享有的一種自由而充實的生活。

　　每天都有新的實驗、學到新的教訓，因無限的可能性讓生活充滿衝勁。直到有一天，一位朋友向我展示了一款某不知名公司正在開發的產品，當時的名稱叫 My Mint。創辦人亞倫‧帕澤爾（Aaron Patzer）創建了一種幫助人們管理財務的工具，他建立的原型讓我大吃一驚。當時我正在我的網站 OkDork 上寫關於個人理財的部落格，我立即意識到這可能大有發展空間。

**Mint.com 原始版首頁**

　　我對 Mint 感到非常興奮，甚至告訴亞倫我想成為他的行銷總監。但唯一的問題是——正如他指出的：我以前沒有做過行銷的經驗。所以我做了我一直在做的事情——「開

始」做就對了。我開始加快速度，在沒有經驗的情況下，我制定了一個行銷計畫，在網站推出前就吸引了 10 萬名註冊用戶，6 個月後更是吸引了百萬用戶。這讓我獲得了一份全職工作機會：公司 1% 的股份和 10 萬美元的工作。

當你擁有出色的產品時，行銷就是件容易的事。Mint 的產品非常出色，推出還不到兩年，就被 Intuit[3] 以 1 億 7,000 萬美元收購了。然而，我並沒有拿到 170 萬美元（ˉ\\_( ツ )_/ˉ）。算一算數學，我決定打包走人。公司最多賣價是兩億美元，因此我的 1% 股份最多為稅前 200 萬美元；問題是，我能否在股票完全授予給我之前的四年內，賺到接近那個數字呢？我可以比在那裡擔任中階主管四年創造出更多的金錢、快樂和洞見嗎？

我敢肯定**可以**。

我相信我可以，因為當我在 Mint 工作時，我也在創造你將在本書中學到的創業公式。我用早上、午休、晚上和週末時間創建了 Kickflip，這是一家為 Facebook 開發應用程式的公司，後來演變成 Gambit，一個社交遊戲的支付系統。

在不到兩年的時間裡，Gambit 的營收就超過了 1,500 萬美元。後來公司價值暴跌，因為另一個不斷出現在這個

---

3　跨國軟體公司，總部位於美國加州，主要開發與金融和退稅相關的軟體。

故事中的人——感謝馬克‧祖克柏！這部分晚點再聊。我的賭注是正確的，我使用後來演變為「百萬美元週末」流程的原則——始終將問題視為機會，始終開始實驗以尋找解決方案，並始終開口要求訂單。

我開始意識到，身為創業家，如果想要過得更好，我只需要停止思考那麼多，開始忙碌起來。這意味著從小地方開始、快速地開始，不要擔心我不知道的事情。

| 專業提示 | 不要將你的幸福或自我價值建立在「成為最聰明、最成功、最富有的人」這種基礎之上。過度專注於最終結果會讓你遭受重大挫折，因為總是會有人比你更聰明、更成功或更富有——而每次當你發現自己沒有達到目標，動力就會被削弱。透過每天做的事情（過程）來定義自己，會比「與他人比較以衡量自己」讓你更快速且更快樂地到達你想要的目的地。

我成為了「跳躍」專家。與大多數人不同，我不害怕開始新事物，而這意味著我在個人生活和工作領域中不斷進行大大小小的實驗。新產業、新愛好、新技術、新角

色、新人物、新副業。那就是我發現自己超能力的地方，這教會了我一課，而我也想把它傳授給你：**你最需要專注於成為一個啟動者、實驗者和學習者。**

這就是實驗的美妙之處 —— 每次實驗都有可能帶來可能改變你一生的意外回報。

**但是，首先你必須開始。**

## 挑　戰

### 1 美元挑戰

**向某個認識的人開口要求，為你和未來的事業投資 1 美元 —— 少少的 1 美元！**

這就是你的火花。一旦你這樣做了，你就會意識到開始的力量和業務的簡單性：開始、要求、反覆進行。我已經看到上千人的生活被這個簡單而強大的練習所改變。

作為交換，請告訴他們，他們將定期獲得最新消息，並能像你個人董事會的成員一樣，了解從頭開始創建這個事業的過程，包括所有缺陷。當然，這是一個微不足道的金額，但直接向家人、朋友和同事開口要求，這種令你想罵髒話的開始和開口要求的過程會讓你心跳加速。

這是我看過效果最好的腳本：

嘿，〔名字〕

我正在讀《一個週末！打造千萬事業》這本書，他們告訴我，需要從某人那裡得到 1 美元。

你是我想到的第一個人，如果能得到你的支持，對我的意義重大。

你現在可以寄給我 1 美元嗎？

〔你的名字〕

（在台灣，你可以將腳本改為 30 元台幣）

「哦，不。」你會想著，「我陷入困境啦。」太好了！請感受那種恐懼，然後無論如何都要去做。正如我景仰的愛默生（Ralph Waldo Emerson）所言：「做你害怕的事，恐懼就會消失。」

每天，我的聽眾中都會有人自豪地貼出他們的第一張 1 美元照片。對於那些一直坐在場邊、期望擁有自己事業的人來說，這是一個象徵性的改變。當你在做這項挑戰的時候，也開口問我吧！這是我的支付應用程式帳號：venmo@noahkagan 或 paypal@okdork.com。我很可能會答應你喔。

**發文並標記我 @noahkagan，#thedollarchallenge。**我可能會轉發。

**和你一樣完成了 1 美元挑戰的人們**

## ▌ 「當下」（而非「如何」）的魔力

開始和實驗。真的嗎？這就是種超能力？

如果你相信矽谷的所有宣傳，那麼每個人都穿著Patagonia 夾克，都可以用一隻手寫程式碼，而且都是天才。我是沒有什麼編碼技能或商業天賦啦，但是：

- 我可以不用想太多就開始做很多事。
- 我可以吃很多塔可餅。

唉。

在很長一段時間裡，這感覺完全不公平。但隨著我的年齡增長，並開始取得一些成功，各種各樣的人開始針對我所做的某件事尋求建議，而我從來沒有想過那是什麼了不起的事。

當然，他們並不是來問我怎麼開始，或至少沒有人有意識地提出這個問題。來詢問的人總是談論他們經營事業的夢想，談著討厭現在的工作，想要自由，或覺得被困住。幾乎所有情況下的問題都是一樣的：他們都沒有真正開始。

直到此刻我才明白，這還真是一個問題。我也才知道，讓一個人完全接受我所說的「**重點是現在做，而不是**

**如何做」**這個習慣，將會對此人的生活帶來多大的改變。

為什麼說會改變一生呢？

當大多數人決定要創業時，他們的第一直覺是了解更多資訊——閱讀一本書、參加課程、尋求建議——仔細考慮所有事實之後，再採取行動。

畢竟，世界上有大量的頂級企管碩士課程、有 10 美元的 Udemy 線上課程，還有免費的 YouTube 影片和各式創業指南書籍，所以，為什麼不盡一切所能學習呢？

這樣肯定會更安全，而且可能會讓你失敗的可能性大大降低，對吧？

錯。

過度思考似乎是「聰明」的啟動方式，但卻非常無效。超級成功的人會反其道而行——他們首先採取行動，獲得真實的回饋，並從中學習，這價值比任何書籍或課程要高一百萬倍，而且速度更快！

- 大部分人：先想太多，然後再行動。
- 每一個成功的創業家：先行動，之後再慢慢想通。

行動前的任何分析都純粹是猜測。在你完成某件事之前，真的不會完全理解它。與其試圖規劃以獲得行動的信心，不如直接開始行動。

　　那麼，如果這種習慣不是自然形成的，該如何灌輸這種習慣呢？

　　請使用這句座右銘：**「現在做，而不是如何做」**。

> │ **專業提示** │ 下次當你過度思考而不採取行動時，告訴自己，要優先考慮「現在採取行動」，不要擔心「如何行動」。當你這樣做一次之後，很快就會獲得動力，之後就會越來越容易、自然。

　　每一天的每個時刻，我都督促自己和周圍的每個人實踐「現在做，而不是如何做」這一點。當我想要達成某件事，而且可以在幾分鐘內完成一個版本，我就會去做。以下是個例子：

　　最近，一家廣告公司正在向我們的 AppSumo 團隊推銷一項新的 Facebook 廣告活動。我的「現在做，而不是如何做」想法之後還有一堆我們必須開始去做的可怕承諾（例如密碼、將代理商添加到我們的 Facebook 帳戶、創建新內容等等）。「不不不，我們現在就做所有這些。」我說。而這只花了 5 分鐘，節省了我們 24 小時的等待時間。

　　我知道你內心的談判專家可能會說：「你的例子聽起來

不錯，但我的點子需要更多時間。」請停止！當你自動執行「現在做，而不是如何做」到你所從事的每件事當中，力量就會出現。所以不用再跟自己談判了。就開始實作吧。請對自己說：**重點是現在做，而不是如何做。**

不要害怕採取行動。你該害怕的，是過著像一份履歷表的生活，而不是冒險般的生活。

我保證，啟動新事物並追隨內心恐懼會讓生活變得神奇。你以為這只是為了建立一個又大又讚的事業嗎？當然這是部分原因，但這也是一種利用創業精神來更新、重塑人生的方式。

# 挑　戰

## 「現在做，而不是如何做」挑戰

**向你尊敬的人詢問一個商業點子。**

這是獲得商業點子的快速方法。你要為自己做這件事，並意識到「現在就開始」的威力。

你會發現，當下就開始行動會讓你自我感覺良好，並為夢想生活創造動力。

我甚至還要提供一個腳本來幫助你打斷內心的懷疑！這不會花費你兩分鐘，但它會產生你的第一個火花，以及你的第二個、第三個火花 …… 請在電子郵件中輸入以下內容。喔，更好的辦法是，將以下文字以簡訊方式傳送給你的一位朋友（因為這樣比較快）。就是**現在**！

嘿，〔名字〕，我現在正在構思一些商業點子。

你很了解我，所以我想知道，你認為我擅長什麼樣的事業呢？

〔你的名字〕

不要害怕採取行動。
你該害怕的，
是過著像一份履歷表的生活，
而不是冒險般的生活。

## 🏳 讓你自由的「自由數字」

我發現，實現每月收入數字的簡單任務是初期最有效的激勵形式。

我從來沒有抱持任何改變世界或成為超級億萬富翁的夢想。我沒有遠大又棘手得讓人噴汗的大膽目標（聽來有點噁心），我的夢想是自由。

**為了實現這樣的夢想，首先需要選擇你的「自由數字」（Freedom Number）。**

從我的 18 歲生日到 30 歲，我的每月自由數字是 3,000 美元。為什麼是 3,000 美元？把我支付的房租、我愛吃愛喝的塔可餅、牛排和葡萄酒費用，以及讓我可以在阿根廷、韓國或泰國工作的機票加總，大概略低於 3,000。當時的我生活費就這些了。大略可區分為：1,000 美元用於居住費用、1,000 美元用於食物和旅遊交通，另外 1,000 美元用於儲蓄和投資。

我計算過，只要每月 3,000 美元，我就可以在很長一段時間內與我所愛的人在任何地方一起工作，而不必做任何一件我不想做的事情。每月 3,000 美元，我就可以獲得自由。

**我的自由數字：3,000 美元**

| 活動 | 金額 |
|------|------|
| 住房 | 1,000 美元 |
| 食物與旅行 | 1,000 美元 |
| 儲蓄和投資 | 1,000 美元 |
| 總計（自由數字） | 3,000 美元 |

很長一段時間，我都沒有跟別人提過這個數字，我認為這是我在 20 多歲的時候自己玩的一個奇怪、愚蠢的小把戲，目的是讓我對自己的成就如此之少感到好受一些。但幾年前，當我第一次與一位成功的企業家談起時，他們脫口而出：「天哪！不會吧——我的數字是 1,500 美元！」

結果，我發現我認識的許多創業家都曾在某些時候使用過同樣的伎倆。對某些人來說，這個數字較小，例如 100 美元，這意味著他們贏得的額外收入可以多享用一頓美食，並有一種被賦予權力的感覺。對其他人來說，自由的成本可能意味著贍養費或抵押貸款，自由數字會更高一點。值得注意的是，對我們所有人來說，這個自由數字將我們告訴自己的「為什麼」以及「如何成功」的故事提煉成一個簡單而清晰的目標。

為什麼「設定一個每月經常性收入數字」這個小伎倆如此有效？

第一點，這是可行的。我當時並不知道，但我對「**自由數字**」的想法恰好契合了激勵連續創業者的正確要素。我的數字是百分之百可達成的，而我賦予在這數字上的價值——自由——是無限的，這對我來說是極具激勵性，它總是讓我有信心，並在不確定之時成為我的安定之錨。

第二點，它是具體而緊迫的。3,000 美元並不是某種可以延遲到明天實現的「40 歲時淨資產達到 2,000 萬美元」的大夢想。這是你今天就可以著手努力的每月數字；更好的是，它可以超低。你可以說：「我想暫時保留現有的工作，但我想靠自己每月額外賺 500 美元。」這同樣有效。我的副業規模雖然小，但它們是重要的練習，訓練我產生火花的肌肉，讓我最終可以離開職場工作。

最後一點，我的目標有一個非常具體的數字。這會讓你將注意力集中在事業中最重要的事情上，也就是最有可能為你帶來客戶的那些事。許多人很難賺到第一筆錢，是因為他們太專注於如何賺到第一個 100 萬。專注於可實現的自由數字——甚至只是第一個 1 美元——將改變你的思維方式：本週你可以在自己的事業上做些什麼來賺錢？今

天可以做什麼？現在可以做什麼？你可能不需要一個宏偉
的目標來開始（如果有的話也很棒，但那並非必須），但另
一方面，如果你什麼都不承諾投入，任何事都可能分散你
的注意力。「自由數字」幫助我們不至於迷失在抽象或複雜
性之中，它提醒我們商業運作機制其實很簡單。

## 挑戰

### 選擇你的自由數字

　　請先選擇一個短期的每月收入目標 —— 你的自由數字。
先決定出一個不會讓你害怕的數字。

　　把它寫在你的日記還有本書這裡，就在以下這些文字的
旁邊。

　　我的自由數字是：＿＿＿＿＿＿＿＿＿＿＿＿＿＿＿

　　這一章可以用一句話來總結：成功的人都是直接開始
動手做。

　　我向你保證：你是誰、你擁有什麼、你現在所知道的
一切，都已經足以讓你展開行動了。

第二章

# 開口要求，好處多多

為自己贏得一面名為「拒絕」的金牌

　　那天下午，當我和爸爸走進當地第十家商店時，我感到肌肉緊繃，全身畏縮。他剛剛開始用他那像鷹嘴豆泥一樣濃稠的以色列口音要求與經理交談。他的口音聽起來和阿諾・史瓦辛格（Arnold Schwarzenegger）一模一樣。

　　「我不懂，」爸爸被帶到老闆那裡之後，用充滿熱忱的聲音說道：「你生活在全世界最偉大的國家，在這個行業擁有最棒的生意，但你卻仍然使用一台蹩腳的影印機。為什麼？我必須幫助你。看看這個，我帶來了對你更好的東西，讓我展示一下！」

　　他的提議即將面臨對方的拒絕。然後再一次拒絕。無數次的拒絕。周而復始，該死地天天不斷循環。

但隨之而來的是必然發生的：他會得到來之不易的成功。

不過，這個特別的日子十分輝煌，無比輝煌：他這一天就賣掉了兩台影印機！所以爸爸提議去慶祝一下，吃些墨西哥捲餅。

「諾亞，你為什麼看起來這麼悲傷？」當我們坐下來吃東西時，他這樣問我。

雖然我本該在老爸創下輝煌紀錄的這一天腎上腺素飆升，但感覺有些不對勁。儘管他最終取得了成功，但達成目標的過程卻讓人感到士氣低落且毫無意義。

我搖搖頭。「這麼多次拒絕。不要、不要、不要……一整天的拒絕。這難道不會讓你想放棄嗎？」我問。

父親的回答改變了我的一生：「你要熱愛『拒絕』！像收集珍寶一樣收集它們！設定『拒絕』目標。我每週都會爭取達到 100 次的拒絕，因為如果你努力工作獲得了這麼多的拒絕，我的小諾亞，在其中你也會發現一些『同意』。」也許這就是為什麼他為我取名「諾」亞[4]，每天提醒我繼續前進。

---

4 作者的名字 Noah 拼字中有「NO」，也就是「不」。

### 熱愛被拒絕？把「拒絕」設為目標？

我父親將「拒絕」重新定義為一種令人嚮往的東西——所以當你得到它時，你會感覺很好。他說的是要「瞄準」拒絕！我突然明白了為什麼父親從不害怕向任何人開口要求任何事情，以及為什麼他每週要積極爭取 100 個拒絕：開口要求的好處無限多，而壞處卻很少。

關於這一點，他說得完全正確！

「可能發生的最壞情況是什麼？」每當我看到有人拒絕他而感到畏縮時，他就會這麼說。「他們就是拒絕了。但誰在乎呢！創造業績的好處可是無限的。」

如果開口要求能夠引導你走向想去的地方，那麼它並沒有那麼可怕。最終的銷售技巧，也就是讓你實現夢想的技巧，與找到「完美」的要求方式無關。開口要求的行為本身就帶有一種力量。舉個例子：凱爾‧麥唐納（Kyle MacDonald）僅開口要求交換 14 次，就將一個紅色迴紋針換成一棟房子！

當這一切發生的那一刻，我感覺父親是個天才。這個人沒有企管碩士學位，沒有接受過銷售培訓，沒有看過自助書籍，不懂英語——是個一無所有的移民，但口袋裡總是有一大筆現金。把他帶去任何地方，給他一週的時間，

他就會把所有狀況弄得清清楚楚。

　　我的父親最終因藥癮而失去了一切，但他是怎麼做到這些的呢？我父親能夠用一種他幾乎不會說的語言進行銷售，祕訣就是這個詞：「chutzpah」。這是意第緒語，意為「勇氣」、「魄力」、「膽量」，這是一種堅定、不顧一切的生活方式。當以色列人說你有膽量時，他們的意思是說：你知道自己想要什麼並為此奮鬥，他們的意思是你有無盡的毅力，會不惜一切代價達到目標。

　　我媽媽太清楚這一點了。她總是告訴我：「吱吱作響的輪子會得到潤滑油。」這麼說吧，老媽教會了我如何「發出吱吱聲」。我的意思是，這位女士在 30 年後試圖退還她的結婚禮物銀器，只為了試試看自己是否做得到。她本人也是「chutzpah」的專家。

　　「儘管心懷恐懼，仍大膽提出自己想要的東西」這種技能是創業家最根本、最必要的特質。問題是，大多數人不會要求他們想要的東西。他們「希望」如此，他們提出「建議」並給予暗示。他們抱著希望。但商業運作的一個簡單事實是：只有透過開口要求，才能得到你想要的東西。沒有開口問，就沒有機會得到什麼。這適用於生活的方方面面。真的，每一方面都適用。

擁有這種開口問的能力是許多移民或移民子女在商業上表現出色的原因。像我父親一樣，他們並不擔心做不該做的事情會有什麼社會層面的後果，因為他們不知道自己不應該做什麼。這意味著他們可以天真地提出任何要求，可以稱得上是種商業超能力。

除非你親自使用它，否則無法真正理解它的威力。我很幸運在四年級時體驗到了這種力量，就在我父親提出那個改變我一生的忠告之後幾個月。我偶然發現一本雜誌型錄《大眾機械》，可以讓孩子們挨家挨戶推銷折扣訂閱價（例如每年只要 8 美元）。

我看到公司為賣出最多雜誌的孩子舉辦一場披薩派對，這讓我眼睛一亮。我這個矮胖小子喜歡披薩！於是我上街出擊了。

我穿著 JNCO 寬鬆短褲在聖荷西挨家挨戶兜售，並提出了令人難以抗拒的購買提議。我會向他們指出我最喜歡的雜誌，並請他們買一本。

我得到大量的拒絕，但你知道嗎，也有一個又一個客戶表示同意訂閱！

對四年級的諾亞來說，這項成功令人陶醉。我的成績中等，對運動也不擅長，但我以爆發性的方式贏得了雜誌

披薩派對挑戰賽。

　　從那時起，我就成了一台開口要求的機器，它比其他任何東西為我帶來了更多的成功。這就是為什麼你要在本章學習克服對拒絕的恐懼，這種恐懼使大多數人無法發展出至關重要的「開口要」肌肉。

**耶，慶祝銷售冠軍的披薩派對**

得到金錢並不是字面上的「得到」。
這是一個「接收」的問題，
只有在有人提出「要求」之後
才會發生。

## ▌◤ 培養你的「開口要」肌肉

擁抱風險、恐懼和拒絕會給你改變生活的力量。就是這麼簡單。我已經透過我的「每月1,000美元」（Monthly1K）商業課程幫助了1萬多人，而阻礙人們取得商業成功的首要因素不是缺乏策略，而是迴避「開口要求」這個行動。

得到金錢並不是字面上的「得到」。這是一個「接收」的問題，只有在有人提出「要求」後才會發生。

你幻想著承擔這種風險會產生的終極痛苦——如果你被他人評判，或你看起來很愚蠢，或是沒有效果怎麼辦？這些都是對你潛力的束縛。請卸下這些束縛，向不確定性邁進，提出第一個要求——這是一項改變遊戲規則的技能，可以幫助你開啟百萬美元事業，並重新設計你自己的生活。

讓我再說一遍，因為這一點太重要了：有意識地發展你開口要求的能力，這是創業成功的**必要條件**。當然，問題是你要如何做到這一點。

不過，我也不是超人。我知道你在想：諾亞面對拒絕時一定無所畏懼。但其實不然，每次面對拒絕時我都會感

到害怕；當它真的發生時，我也會感到難過。每一天，我都感受到被拒絕的刺痛。而正是因為如此，我成功了。

就在幾個月前，我正試圖聘請一名設計師。我每天花 6 到 8 個小時寄出各種陌生開發的電子郵件——這可不是開玩笑的。基本上，我就是整天被拒絕。這種感覺就像是在酒吧裡，不管我走近哪位女性，每個人都會當面嘲笑我，然後走掉。

我收到一封電子郵件回信，那是我很想聘用的一位出色設計師，回信的語氣嚴厲到讓我想哭：「哈哈哈。你真的認為我會離開 Google 去你們那糟糕的公司？！？」

那真的很傷人。而且永遠都會如此。

那麼，我該如何克服這樣的恐懼和悲傷呢？

一方面，我提醒自己我最終會死，而這一切都不重要，我常常這麼做。我是認真的。而最重要的是，那些拒絕我的人會來參加我的葬禮嗎？不會！這個方法可以非常有效地減少他們的拒絕對我情緒的影響。

然後我會提醒自己那個「**拒絕目標**」：「這會有點糟。讓我的目標鎖定在至少得到 25 次拒絕吧。」光是這一點就幫助我接受了會被拒絕的事實，更將它變成了一場「遊戲」，而不是對自我價值的「打擊」。我訓練自己將每一

件難事都與「成長」連結起來，就像我父親重新詮釋拒絕的那種小技巧。

不只有我的父親讓我以這種方式取得了成功。在塑身衣品牌 Spanx 創辦人莎拉‧布萊克莉（Sara Blakely）的成長過程中，她的父親在晚上都會問她和她的兄弟：「你們這週收集了哪些失敗？」

布萊克莉說，正是這種早早開始接受失敗的習慣，幫助她承受了 7 年幾乎每天都挨家挨戶推銷傳真機然後被拒的恥辱，在美國幾乎所有襪廠都拒絕生產她的第一個產品後，仍能堅持下來，撐過看似無止境的一連串拒絕，最終說服位於達拉斯的尼曼百貨公司（Neiman Marcus）將她的塑身褲襪放入幾家商店銷售。

一般人遇到一次拒絕就會放棄，但布萊克莉沒有。她在 41 歲時成為美國最年輕的白手起家女性億萬富翁。

這就是一份我父親會非常讚賞的「被拒絕履歷」。請記住，你可能還差 11 次就可以抵達你的第一個 1,000 萬，但如果你在第 10 次拒絕時停下來，那麼你就已經失敗了。

訣竅就是透過反覆曝露在疼痛中，讓自己對此麻木。擁抱不適，主動尋找它，並把它當作你的指南針。

## ▐◣ 永遠記得開口要求

什麼樣的人能創辦百萬美元事業？

- 會提出自己想要什麼的人。
- 如果想在新公司找到新工作，你必須開口要求。
- 如果想從老闆那裡得到更多錢，你必須開口要求加薪。
- 如果要賣東西，你必須開口要求顧客購買它。
- 即使在家裡，如果你希望配偶或孩子對你更好，也必須開口要求他們。

一切象徵著成長、獲利和充實滿足的事業 —— 支持性的網絡、蓬勃發展的銷售、敬業投入的員工、工作和娛樂的健康平衡等等，都需要你有意願開口要求，一遍又一遍。

讓我們從一些提示開始：

> ｜**專業提示**｜**要堅持不懈**。我希望你相信，幾乎每一個你得到的「不」最終都會變成「好」。堅持下去就會發現，大多數的「不」其實是指「不是現在」。

　　我高中時的夢想是在微軟工作。我最想要的就是這個。因此，在加州大學柏克萊分校就讀大三時，我在校園裡發現了一位徵才人員，正在尋找程式開發人才。我對她說：「我不是工程師，但我學的是商業。是否有任何我可以做的工作，能讓我到微軟暑期實習？」

　　她說沒有，但我繼續追問、繼續要求。吱。吱。吱。第12次跟進後，她屈服了：「實際上，我們有一個針對商業背景同學的實習機會。」我不知道那是否是為我創造出來的，但我喜歡這樣想。這確實為我帶來了在比爾‧蓋茲家裡午餐的一頓有趣經歷，這又是另一個故事了。

　　｜**專業提示**｜**跟進！跟進！跟進！**研究表明，如果你一開始得到的答案是「不」，那麼你的後續跟進要求得到「好」的可能性就會增加兩倍。

　　在 AppSumo.com，我們有近50%的銷售額來自後續跟進電子郵件。請仔細想想，這個例子恰恰說明了後續跟進行動與你的第一個接觸點一樣具有威力。跟進你真正想要的事吧。我經常使用 followup.cc 這個生產力工具傳送跟進的電子郵件，並使用 Siri 來記住要持續跟進。你也可以使

用 Google 中的 Snooze 功能，或直接寫下來！

> **｜專業提示｜銷售就是幫助人。**如果你相信自己的產品或服務可以改善客戶的生活，那麼銷售就只是一種教育。你正在幫助人們。將銷售／開口要求重新定義為幫助，會讓你在提供諮詢或洗窗服務，或是為某人提供美味餅乾的服務上變得令人興奮。一旦你接受了這個事實，開口提出要求就會變得更加容易，而且感覺更像給予彼此禮物，而不是一種自私的欲望。

如果你相信自己的產品或服務能夠滿足真正的需求，那麼，把它賣出去就是你的道德義務。

　　—— 金克拉（Zig Ziglar），

　　作家、推銷員及勵志演說家

我在加州大學柏克萊分校創立了一家 HFG Consulting 顧問公司，為當地企業提供顧問服務，幫助他們向大學生行銷。我看到一個問題：許多新生沒有實習機會，所以他們會抓住為我工作的機會。此外，許多當地公司在向大學

生行銷方面遇到了困難。

我們發展成一支 20 人的小隊伍，從事這項顧問工作。然後有一天，我的實習生肯尼建議我們辦一張學生折扣卡。

我的第一個想法是，喔，真的要做這個嗎？因為市場上有五種做爛了的學生生意：銷售學生折扣卡、信用卡、T恤、家教服務以及酒類商品。折扣卡是商學院學生經常嘗試卻失敗的事情。

一般常識告訴我們不要費心去嘗試，而大多數人都會接受這個現實。但在成長過程中和我瘋狂的推銷員父親經歷的一切教會了我，永遠不要僅憑表象就相信那些傳統觀點。我父親教導我要親自嘗試。

基本上，我認為確認當地企業是否感興趣不會花我一分錢或太多時間，所以當場我告訴肯尼：「來吧，我們去城裡問問幾個老闆，看他們是否願意參與並提供折扣。」

肯尼停了下來。「你的意思是指，現在？就走到街上去問我們找到的任何人嗎？」

我的腦海中突然冒出一個想法泡泡：「現在做，而不是如何做！」

「沒錯，就是現在！」我這樣回應。

我們拜訪一個又一個商家，基本上就是告訴他們：「這

將讓公司的名字出現在數百甚至數千名學生面前。」我們只是說到這方案將如何幫助企業。

事實證明，當地商家總是很樂意免費獲得更多客戶，我們很快就找到大約 20 家商家簽約，希望這樣的廠商數量足以吸引學生支付 10 美元購買這張折扣卡（我們印製卡片花了 50 美分）。

我們發現，向學生團體和兄弟會提供折扣卡作為籌款工具是銷售折扣卡的最佳方法。我們幫助其他人賺錢，並將 10 美元折扣卡的收益分成對半分潤。同樣地，我們只需教育人們它能如何幫助他們。

很快，我們擴展到多個校園，並且不斷重複同樣的做法，在一年內創造了 5 萬美元的收入。對新生實習生來說，這樣的成績還不錯吧？

現在，輪到你了。

你可能認為要求一杯咖啡打折沒什麼大不了的，但對於那些已經這樣做過，並在 Podcast、部落格文章和推特貼文中不斷討論其驚人威力的人們來說，它的影響是不可否認的。

## 挑　戰

### 咖啡挑戰

　　請親自去任何一家咖啡店或任何一個地方，買個簡單的東西並要求 10% 的折扣。不用再多說別的。重點是讓自己感覺到不自在。請做出承諾，今天就去做這件事。

　　完成這項挑戰的每個人都表示這對他們的生活有很大的助益。我希望你也一樣。

　　「這根本就是小菜一碟。」當我們走進潘娜拉麵包店（Panera Bread）時，我的哥哥賽斯這麼說。

　　「我想要一份總匯三明治和一杯水，」他說，然後……「呃，小姐。不好意思請問一下……這個訂單……可以給我……打九折嗎？」賽斯問。

　　整個空間一片寂靜。請把聚光燈打在我哥哥和收銀員身上。

　　「抱歉，我想我們辦不到。」她說。

　　「好的，謝謝。」賽斯說。

然後我們就把食物端到餐桌上。令人震驚的是，我哥哥原本還以為這很**容易**；但更重要的是，他做到了，事後也為自己感到自豪。

這是我所見過用來改善「開口要求」肌肉的最強大工具，已有超過 1 萬人使用過。以下是你可以使用的確切說法：

你：嗨，你好！

對方：你好，想要點什麼呢？

你：我想要一杯低脂香草拿鐵（這是我最喜歡的飲料，請用你自己的代替）。

對方：沒問題。這樣是 3.5 美元。

你：我可以享有九折的折扣嗎？（關鍵是：帶著微笑把話講清楚，然後就不要再說任何話了）

對方：有什麼特別原因嗎？

你：我正在學習一項商業課程，而這是其中一項作業。：)

你們當中可能有許多人會試圖找藉口來避免參與這項挑戰。「哦，這太老套了，我不想成為那樣的人。」、「我

不想讓咖啡師覺得尷尬。」、「我已經做 5 年銷售了。」

這就是這個挑戰的所有意義：練習開口要求（並且被拒絕），而不是說服自己放棄。最壞的可能情況其實很微不足道。咖啡師拒絕並用奇怪的眼神看著你？排在你後面的人翻白眼了？這只會有點不自在，但好處是你感覺自己很堅強，並意識到自己比想像的更有能力！

以下是一些人完成咖啡挑戰後的心得：

- 迪特 · S：「我感覺更有信心面對拒絕了，這讓我能夠成功地為我的單車騎行副業申請贊助金。」

- 珍妮佛 · 瓊斯：「這很可怕，我並不期待做這件事。但我做到了，也成長了。老實說，我非常害羞！所以，走出我的舒適區做事，對我人生的各個方面都有幫助。讓我成為了一個更好的人。」

- 傑森 · 布萊克：「我不僅了解到拒絕不會要了我的命，還學會了去享受走出舒適區的感覺。」

去做就對了！不要過度思考，直接去行動。要求店家幫你的咖啡打九折。正如我在那些已經做到這一點的人當中所看到的，得到「創造者勇氣」將幫助你實現「拒絕」目標，並釋放開口要求的無限好處。

開口要求是一種肌肉，而這個挑戰就是鍛鍊這種肌肉

的健身房。學會開口要求就像養成任何新習慣一樣。從小處開始，慢慢增加。長期克服恐懼的最佳方法，就是進行短期的拒絕遊戲。

請記住：這個挑戰是為了讓你被拒絕而設計的！重點是經歷失敗並克服它。一旦你開始遭到幾次拒絕，就會意識到事情並不如想像的那麼糟。這是創建千萬事業的過程中非常強大的一步。

享受恐懼。開口要求吧！

\# 我剛剛告訴你，開口要求有多麼重要。所以 ……

為了將我的書送到最需要它的人手中，我需要你的幫助。

**如果我的書對你有幫助，現在是否可以請你花 30 秒鐘留下簡短的評論？**

回想一下你為什麼決定拿起這本書並給它一個機會。也許是因為網路書店或 Goodreads 上的五星級評論引起了你的注意。留下評論，讓其他人有機會開始他們的百萬美元週末。

在開始寫這本書之前，我遇到了麥特，他在奧斯汀機場擔任保全工作。他和你有同樣的夢想，想創造自己的事業，這樣他就可以改變生活，但他可能從未聽說過這本書。

你的評論對我來說意義重大，它可能會改變其他人的世界，例如麥特。

知道自己的簡短評論可以永遠改變某人的生活，請給自己一個滿意的掌聲。

**評論不需要花錢（0 元是我最喜歡的價格），而且只需 30 秒。**

　　你可以前往網路書店的 APP 或網站版，找到本書頁面，或你購買本書的任何地方，並在那裡留下評論。如果你是使用 Kindle 或其他電子閱讀器，請捲動到本書的最後一頁。使用 Audible 的讀者，請前往你的書櫃頁面並點擊撰寫評論。

　　順便一提：我會閱讀每一則評論。當你的評論送出時，我辦公室裡會響起通知聲，我媽媽會告訴我，而我們整個團隊會像贏得超級盃一樣大聲慶祝。

　　現在，繼續回到你的百萬美元週末。

　　　　　　　　　　　　　　　——永遠愛你的諾亞

第二部

# 打造

---

## 透過百萬美元週末流程啟動你的事業

在前兩章中，我們介紹了將為你點燃創業動力的兩個基本習慣：無止境的「啟動」循環，以及開口要求的無限好處。

現在到了星期五，你的百萬美元週末即將登場！在接下來的三章中（也就是在接下來的 48 小時內），你將執行簡單但有效的百萬美元週末三步驟創業實驗流程，這將成為創建夢想事業的引擎：

- **尋找價值百萬美元的創意：**如何找到有利可圖的事業點子
- **一分鐘商業模式：**如何評估這些機會是否可以成為價值百萬美元（或以上）的事業
- **48 小時金錢挑戰：**如何在不浪費時間或金錢的情況下測試這些機會

這一切加總起來，就是一個可靠的方法，讓你在短短一個週末內產生有前景的事業想法，進一步帶來獲利的業務。

接下來就讓我們來深入了解吧。你的行動即將得到回報。

## 第三章

# 尋找百萬美元好點子

產生可獲利商業點子的簡單練習

　　我不看體育比賽，也不喜歡賭博，但我能發現「趨勢」。夢幻的體育活動越來越盛行，體育博彩也是如此。因此，我和當時的合作夥伴決定建立一個夢幻體育博彩網站：BetArcade。我們的 Facebook 應用程式上有許多這類的體育遊戲玩家，我們認為可以將他們推向體育博彩網站。這是很容易賺的錢。

　　在向程式設計師支付了 6 個月的費用（大約是 10 萬美元）來建立網站之後，我們另外還支付了 1 萬美元請律師告訴我們，在線賭博是合法的。我們推出了這個網站。真是太美了。圖像呈現令人驚嘆。效果非常棒。

　　但是，**沒有人到這個網站來。一點反應也沒有。**

　　現在我們真的完蛋了，錢也快用完了。然後，在我們的最低點，錢用光了。我在絕望中靈光一現：

　　我們最大的問題是什麼？有其他人分享過這樣的問題嗎？有什麼樣的解決方案是我們有能力快速創建的嗎？

　　我們不斷抱怨 OfferPal（我們各種賺錢遊戲的支付方式提供者）收取高額費用。他們對每筆交易收取 50% 的費用，並且忽略我們提出的每一個升級建議。我們非常不喜歡他們。

　　「你知道，如果我們自己做的話，我們可以為人們提供更好的利潤。」我與我的商業夥伴安德魯討論。

　　因此我開始「開口要」。我立即打電話詢問幾個擁有 Facebook 遊戲程式的朋友，如果其他支付軟體抽取的佣金更低，是否願意更改支付廠商。結果證明這根本輕而易舉。

　　我們用一個週末的時間製作網站的測試版，並在之後的兩週內推出了名為 Gambit 的服務。透過收取較低的佣金以及聽取朋友的意見，我們立即為朋友多賺了 20% 的錢。推出服務的第一年，我們的總收入超過 1,500 萬美元。這太瘋狂了。

　　這項支付業務在 BetArcade 慘敗的絕望時刻取得立即的成功，迫使我們思考開創事業中最有用的教訓之一：在沒

有先驗證是否有付費客戶的情況下就開展事業，是非常致命的。

## ◤ 客戶要的是解決方案，而不是點子

客戶不關心你的點子，他們關心你能否解決他們的問題。如果你無法百分之百確定自己的點子是客戶願意付費的解決方案，就不應該把那點子變成你的事業。

相信我，我曾有過慘痛經驗。當年迪士尼口頭同意在社交遊戲中使用我們支付軟體的擴展版本（「當然，我們想要那一類的東西」），我對我的絕妙點子非常有把握，所以就繼續開發它。6個月後，我花了10萬美元；而對方看了我們交付的產品，回覆我說無論它有多好，他們都沒有立即的需要，然後停止跟我的一切交流。

這就是在產生事業點子時需要把客戶擺在第一順位的原因，客戶的重要性在產品或服務、甚至是在你的點子之上。要建立一項事業，你需要有「人」作為銷售對象。

我無法告訴你有多少次人們寄電子郵件問我說：「你覺得這個商業點子怎麼樣？」

在沒有先驗證
是否有付費客戶的情況下
就開展事業，
是非常致命的。

**我的自動回覆是：「你有沒有問過顧客怎麼想呢？」**

史蒂夫・賈伯斯（Steve Jobs）說：「你必須從客戶體驗開始，然後逆向工作。」

傑夫・貝佐斯（Jeff Bezos）也堅持，所有亞馬遜員工必須採用「客戶第一」的方法來產生點子，並決定要開發哪些。他的十六條領導原則中的第一條「對顧客著魔」（Customer Obseesion）開頭便說：「領導者從客戶開始，然後倒推回來進行各項工作。」

逆向工作優先考慮的是接觸一群客戶（可能是你所歸屬的某一群），並專注於客戶生活中無法運作得很好的那些方面。

如果你這樣做，就可以從一開始確定事業的三個 W：

- 你要銷售給誰（Who）
- 你在解決的是什麼問題（What）
- 這些客戶在哪裡（Where）

你在本章的目標是使用「客戶第一」的方法，把有意鎖定的市場縮減到三個，利用你對這些市場的知識和經驗產生大量想法，然後選擇你認為最適合的三個。

這是「百萬美元週末」流程三部曲的第一個步驟，在

這個流程中，你將學習在建立產品（或花任何一分錢）之前，向一小群的早期採用者群體推銷想法，以驗證是否存在願意付費的市場。快速而低成本地重複這個流程，直到成功。

實驗、實驗、實驗——然後，蹦！成功了！

## ▶️ 從你知道的開始，或先了解一下我是如何透過科技宅優惠創造一億美元的事業

當我創辦 AppSumo 時，還是一名個人創業家，住在舊金山的嬉皮區（Haight Ashbury）一間地下室公寓裡。白天，我為一家名為 SpeedDate 的線上約會網站提供諮詢服務。晚上，我會絞盡腦汁尋找商業點子。

問題是，我有一系列的業務，例如社交遊戲的支付，這些業務的銷售流程很長，很難談判，而我的公司賣的是一種商品。我想將價值鏈提升到人們離不開我產品的地方。我最想解決的問題是「如何獲得更多客戶」。每個商業人士都對更多客戶感興趣。我不想做另一個只是「有也不錯」的產品（就像維生素）事業——我想成為必需品（止痛藥）。獲得更多客戶是最重要的業務需求。

　　某天晚上，我想到了一家名為 MacHeist 的公司，該公司以極低的折扣提供 Mac 軟體捆綁包。對 Mac 用戶來說，這是一種以極低價格獲得多個有用應用程式的好方法。

　　雖然我很喜歡它們提供的東西，但我還是不停思考 MacHeist 如何解決「為企業提供客戶」的這個問題。

　　每次 MacHeist 捆綁軟體並行銷該捆綁包時，都是在解決這些軟體公司（客戶）的需求，而這些軟體公司反過來也在行銷和部落格方面竭盡全力，以確保 MacHeist 捆綁包取得成功。

　　我可以仿照 MacHeist 的模式，應用在 Mac 軟體以外的市場嗎？

> **｜專業提示｜** 尋找在某個領域中有效的做法、將它應用到另一個領域去。AppSumo 電子郵件清單的最大推動力之一是贈品。我們在一家女性時尚線上網站上看到這種方式，並親自嘗試後，才意識到這一點。針對目標市場之外的卓越公司，加入對方的會員並觀察，幫助自己獲取靈感。

作為一名企業家，我開始依賴一些基於網路的華麗新應用程式，例如 Mailchimp（電子報）、Dropbox（儲存檔案）和 FreshBooks（會計）。使用這類軟體的好處是，只要有網路連接，使用哪種電腦並不重要。

但沒有人提供非 Mac 套裝軟體折扣優惠。目前還沒有！我非常興奮能夠以折扣價獲取我最喜歡的工具，其他像我這樣的新創公司創辦人也是！現在我必須確定人們是否願意付錢給我。

> │ **專業提示** │在有疑問時，請先解決你「自己」的問題。如果你願意為某個解決方案付費，那麼其他人也可能願意。至少你會擁有一位滿意的客戶——就是你自己。

我一直在 Reddit 上很活躍。我非常了解這個社群。我知道用戶喜歡什麼以及他們如何與網站互動。從這裡逆向倒推回來，我把注意力集中在所有 Reddit 用戶都喜歡的事情上：分享圖片。在當時，越來越多人依賴一個名為 Imgur 的新網站來託管他們病毒般的迷因圖像。

在 Reddit 首頁上，每兩個貼文就有一個包含 Imgur 託

管的圖片。雖然任何人都可以免費使用 Imgur，但該公司提供了專業訂閱方案。如果我以大幅折扣提供專業方案，這些 Reddit 用戶會付費嗎？

在那個時候，我去拜訪我在 Facebook 時代的導師、後來創立了 GoodRX 的道格‧赫希（Doug Hirsch），詢問他對這個點子的看法如何。他說這行不通，他認為沒有足夠的軟體來使它成為一項可行的長期業務。

不要讓別人的懷疑阻止你找出真相。唯一重要的意見是客戶的意見。作為客戶第一的創業家，你的工作是傾聽客戶想要解決的問題、為他們創建解決方案，並驗證他們是否會為此付費。一切都是跟客戶有關，不是別人。

意識到這一點後，我進入了百萬美元週末驗證模式。

我施展「開口要求」肌肉，向 Imgur 創建者艾倫‧沙夫（Alan Schaaf）（原來是俄亥俄州一名大學生）傳送了一封陌生電子郵件，詢問他是否允許我以折扣價推銷專業訂閱，並支付佣金給我。

以下是我寄給他的內容：

---

主題：在 Reddit 上推廣 Imgur

收件人：艾倫‧沙夫

寄件人：諾亞・凱根

嘿，艾倫：

我是 Imgur 的超級粉絲，一直很喜歡使用你的產品。

我們正在推出一個優惠網站，希望能推廣你的 Imgur 專業級訂閱方案。

我想我們可以為你銷售 200 件以上，你不必投入成本或付出。

週五下午五點（太平洋時間）有空在 AIM[5] 聊一下嗎？

諾亞・凱根

---

他對這個想法很感興趣，因為……我答應免費讓他賺錢！

我弄清楚了業務的三個 W：

- 銷售給誰：找到一群潛在客戶？ Reddit 用戶。

- 解決什麼問題：逆向尋找他們想要解決的問題？ Imgur 專業級訂閱方案的折扣。

- 客戶在哪裡：我該展示一下「開口要求」肌肉，並開始向一些 Reddit 用戶推銷嗎？好戲上場！

---

5　一款美國線上即時通訊軟體。

　　然後我傳送了一封陌生郵件給 Reddit 的創始工程師克里斯·斯洛維（Chris Slowe），邀請他共進早餐。在邊吃培根邊解釋我打算做什麼之後（人們喜歡培根），向克里斯要求免費廣告。不是建議。不是折扣。而是免費廣告。

　　我是這麼說的：

---

主題：嘿，克里斯——我是克里斯·斯莫克的朋友

收件人：克里斯·斯洛維

寄件人：諾亞·凱根

　　嘿，克里斯

　　我與克里斯·斯莫克聯絡了，他要我跟你問好。我喜歡你為 Reddit 設計的東西，我是超級忠實用戶！

　　我想邀請你在 Pork Store 咖啡店共進早餐，想對平台提供一些建議。我正與 Imgur 合作一項很酷的促銷活動，也想請教你的意見。

　　這週三上午九點有空嗎？

　　祝大放異彩

　　諾亞·凱根

---

**AppSumo.com 網站首頁的原始版本，4 小時內就打造完成**

「好啊。」克里斯回覆，「我們的用戶喜歡 Imgur。他們會很高興可以獲得折扣。」

接著，要創建一個功能齊全的優惠網站需要花費金錢和時間，而這就是整件事有趣的地方：

我找到了時薪 12 美元的巴基斯坦開發人員，幫我在網頁上新增 PayPal 按鈕。那需要 4 小時，其他的事情都是我自己做的。

建置 AppSumo.com 的總時間：48 小時。

建造 AppSumo.com 的總成本：50 美元。

　　當時，我不知道這項業務是否可行。我的目標是聚焦在最重要的一件事上：人們會為折扣軟體付費嗎？如果他們不埋單，由於我所做的是最小的投資，我能夠輕鬆轉移到下一個實驗去。

　　我的廣告在 Reddit 上發布，宣傳我剛剛建立的網站。然後⋯⋯天哪，我的第一筆訂單在幾分鐘內就到手了。

　　第一塊錢永遠是最甜蜜的。那是一種動能、一種可能性，是把恐懼踹飛的時刻。

> **｜專業提示｜** 專注從零到 1 美元，爭取第一塊錢。那將為你帶來動力、增強你對所做之事的信心。我創辦的每一家公司都是從一位客戶開始的。業務規模在稍後才會出現。

　　不知不覺中，我就賣出了原先設定的 200 個訂閱方案這個目標。誰能想到這會引發另外一家公司的誕生？（而且 10 年後的營業額超過 6,500 萬美元）

## 🏴 無需商業計劃

你可能熟悉最小可行產品（minimum viable product, MVP）的概念。你不必像賈伯斯那樣嘗試開發完美的產品，然後在 Macworld 上發布。你需要的是針對自己想提供的產品，打造一個盡可能簡單的版本，並立即開始銷售。這樣，你就不會在真空中無休止地改進某些東西，而是利用實際客戶的回饋，逐步開發人們在現實世界中絕對想要購買的產品。

MVP 是一個重要的想法，但它遺漏了一些關鍵的東西：客戶。你實際上要把最小可行產品賣給誰？如果他們不只想要「最小可行」而已呢？如果他們只願意嘗試一家擁有知名品牌的成熟企業所開發的產品呢？在沒有客戶的情況下反覆進行 MVP，這可是需要一點運氣的。

MVP 和舊式創業方法的問題在於：我們過於專注在想要做的「事情」，而忽略了想要它的「人」。

**我稱之為「創辦人第一」心態，這是指創業家專注於自己的經驗（對，我要創造一些東西！），而不是把客戶擺在第一位的「客戶第一」心態。**

**老做法：**在此階段，你專注於商業模式規劃並且著迷

於不斷改進產品。

**新做法：**你將專注於與客戶對話，這種動態的來回對話會幫助你，在製造或花費某些成本之前，根據客戶的需求來反覆修正產品。

我再舉個例子，確保能完全清楚說明這一點。

假設你有一個遛狗應用程式的點子。你會怎樣做呢？這是大多數人（大多數的「想要創業者」）會採取的方式：

1. 在家花幾個小時思考該應用程式（還為它想出響亮的名稱）。

2. 花 100 美元請親友設計一個很酷的圖形標誌。

3. 設立有限責任公司 LLC。

4. 觀看與應用程式、程式設計和商業相關的 YouTube 影片，還有跟狗有關的影片。

5. 考慮報名參加開發者訓練營，並且很快意識到程式設計非常困難。

6. 為將要建立的時髦網站購買網域。

7. 考慮在 Upwork 僱用一名開發人員，然後很快意識到成本高得令人卻步。

8. 放棄（又一次）。

這聽起來很熟悉嗎？這就是「創辦人第一」心態。

好，現在我們改用「客戶第一」的方法來探索這個遛狗應用程式的點子：

1. 現在就打電話或傳簡訊給三個狗主人，要求他們付錢請你遛狗。

2. 事實證明，這些狗主人沒有「請人遛狗」的問題。你發現他們真正的問題是「為旅行尋找狗保姆」。

3. 詢問他們下次旅行的日期並請他們向你支付押金，他們也付錢了！恭喜中獎！

很快你就發現機會是「照顧狗」，而不是「遛狗」。現在，在編寫一行程式碼或花錢在自由工作者身上之前，你就有了真正的客戶付錢給你解決一個真正的問題，真正有收入流入了。

同樣的框架適用於所有行業和部門。

在 Sumo.com，我們在擴大電子郵件清單資料庫時遇到了問題。我們聯絡了提姆・費里斯（Tim Ferriss）[6] 和派特・福林（Pat Flynn）[7] 這些潛在客戶，發現他們也有同樣的困擾

---

6　美國投資人、企業家、Podcast 節目主持人、暢銷作家，獲選《財富》雜誌「40位 40 歲以下傑出人士」。

7　美國企業家、作家，Podcast 節目《Smart Passive Income》主持人。

（也發現收集電子郵件這件事頗具挑戰性）。一旦我們說服了一些客戶加入，就開始為我們和他們建立一套收集電子郵件的工具。

**珍妮佛在 Facebook 上發貼文，看看是否有人感興趣**

再以珍妮佛・瓊斯（Jennifer Jones）為例，她是一位達拉斯小學的老師，也是我的「每月 1,000 美元」課程班的學員。每個人都喜歡她的餅乾。因此，她在 Facebook 上發文說她正在為假期製作餅乾籃，有人想一起訂嗎？事實證

明真的有人想要，現在她擁有每月 1,000 美元收入的餅乾生意！

任何擁有類似這種技能的人（自製蛋糕、泡菜、蠟燭等等）都可以向朋友、家人、同事和教會社區成員傳送電子郵件，詢問他們是否有興趣購買這些東西，記得在郵件中提供 PayPal 連結，然後針對收到的所有訂單安排出貨。

瞧，這是一個零風險的創業。不需招聘、網站、烹飪學校或商業廚房。如果需要的話，也是晚一點的事。只需用現有的錢購買足夠的原料來完成訂單、烘烤蛋糕、放入盒中，然後交付給買家即可。

在上述每一個例子中，產品的上市都不是基於「完善一個商業計畫」，而是基於「與潛在客戶交談，並找出他們樂意付你錢的原因是什麼」。但你在哪裡可以找到那些客戶呢？

## ◤ 現在，該去哪裡找到客戶？

當新手創業家尋找機會時，常常會望向自己影響範圍以外的事。他們認為這種行為發生在其他地方、其他地點或產業。但經驗豐富的創業家幾乎總是在「他們是誰」、

「他們知道什麼」、尤其是「他們認識的人」這些脈絡下尋找和創造機會。

在上面的每一個例子中，業務驗證過程都是從創業者自有軌道上的潛在客戶開始的。你叫得出名字的真實人物、你所歸屬或感興趣的群體，其中大多數已經在網路上自成一種社群，就是你今天就知道怎麼聯絡到的人們。

儘管這很少成為其官方起源故事的一部分，但世界上最大的公司，甚至是現在價值數十億美元的爆紅應用程式，都是透過個人網路和真實的人際關係開始的。

馬克‧祖克柏在一個週末透過電子郵件向朋友傳送訊息，邀請對方使用 Facebook，因而創建了 Facebook。版本一表現良好，驗證了它的模式可行。微軟的開始是源自於比爾‧蓋茲為阿布奎基的某個人設計軟體。他堅持客戶第一。

創業者在一開始應該接觸他們的朋友、前同事以及自己的社群。

你可能認為自己的業務是獨一無二的，但相信我，事實並非如此。每個成功的事業都可以這樣開始。

例如，愛狗的艾娜希塔（Anahita）希望為毛寶貝們提供更健康的零食。她開始將自製的有機狗糧帶到當地的狗

公園，而且每次都會賣光。一年後的現在，她已擁有了一家名為 Barkery 的狗狗烘焙店。

在你考慮選擇哪個商業點子之前，請確保你可以輕易接觸到你想要幫助的人。要做到這一點的簡單方法是思考：在哪些地方可以輕鬆接觸到你真正想要幫助的目標群體，例如住在奧斯汀的新手媽媽、騎自行車的人、自由作家或是塔可餅迷（像我一樣）！

你越了解目標群體，就越能與他們交談。你能具體地談論他們的問題，就能更好、更輕鬆地銷售（或測試）產品。

請注意這個流程是如何透過開始（直接向客戶提供你的第一代解決方案）和開口要求（讓他們參與對話，以便確定你的解決方案能最大程度地解決他們的問題）等方式，將與目標族群溝通擺在第一位。創造事業永遠都該是一種對話！

幾乎所有的創業衝動都會跟「再多做一些研究」、「想要獨力打造出最完美的產品」這些想法緊緊相連，總之就是想盡辦法避免「開口要錢」這種不自在的感覺。但這是驗證市場的捷徑，你必須學會突破它。這並不容易，卻非常值得。

## 挑　戰
### 前三個目標族群

請寫出你想鎖定的前三個目標群體。

關於你非常興奮想要提供協助的服務，有哪些人是你可以輕鬆就聯絡到的？可以是你的鄰居、同事、教友、高爾夫球友、一起烹飪的朋友等等。

_____

_____

_____

## ▌◤ 成為「尋求問題者」

最優秀的企業家是最不滿足的。他們總是在思考如何讓事情變得更好。

你的挫敗感以及其他人的挫敗感，就是你的商機。

偉大的想法來自成為一個尋求問題的人。分析你一天中遇到的挫折，包括在家中困擾你的事情、在上班路上或

上網時浪費你時間的事情。

以下是我的「困擾」清單：

- 怎樣準備一頓快速、健康且富含咖啡因的早餐
- 如何找到可靠的房屋清潔工
- 和我的伴侶去哪裡吃晚餐
- 如何找到我的下一位治療師
- 我可以用手上的多餘現金進行什麼樣的投資

這些只是我今天遇到的問題。這份清單可以繼續發展下去……而這就是重點！

可以做得更好的事情是無窮無盡的──這對新創業者來說是一座金礦。創業的關鍵第一步是研究自己不快樂的地方，並想出可收費的解決方案（也就是商業機會）。

看看我的朋友鮑瑞斯・科爾松斯基（Boris Korsunsky）在驗證私廚服務時所傳送的電子郵件（他甚至不知道如何做菜！）：

---

主題：幫助你也幫助我，一起搞定食物！


嘿，朋友們

最近我發現一件事：我一直很忙，沒有時間做一頓高

品質的飯菜：(

　　我想邀請一些親近的朋友和我一起測試一個商業點子。

　　請將你自己視為幸運的少數人：)

　　方便的家常菜餐點，就在 2 月 9 日，只要 20 美元，就會有私人廚師料理食物送到您的手中，方便又美味！

　　如果您對此真心感興趣，請透過 PayPal 支付 20 美元。

　　歡迎提供各式各樣的回饋給我。


　　祝好！

　　鮑瑞斯


　　附帶一提：如果您有任何飲食限制或特殊偏好，請告訴我。我保證晚餐會非常美味！

---

　　鮑瑞斯透過這封電子郵件獲得了五筆以上的訂單，一個機會就此誕生！請注意鮑瑞斯如何將此描述為「幫助像他一樣沒時間做飯的人解決問題」。這招真聰明，鮑瑞斯！

　　我創建 AppSumo 是因為我找不到最好的商業應用程式折扣；我們的團隊建立 SumoMe 是因為我們需要一個工具

來擴大收集電子郵件清單；我們推出 TidyCal.com 是因為厭倦了每月向競爭對手訂閱產品。這樣的例子還有更多更多。

我建立的事業都是從「挫敗」開始的：無法找到一個好的社群來談論灣區的社交網絡（CommunityNext）或是一個好的遊戲支付服務（Gambit），或者在新冠疫情期間為個人健身房配備體重計。

「解決我自己的問題」讓我建立了一家每年創造 6,500 萬美元的事業。我這麼說並不是為了吹牛（儘管說起來確實感覺很好），而是為了不斷提醒你，這個過程是多麼簡單而有效。你也可以依樣照做。

## ▐◣ 創意點子產生者

因此，讓我們打開網路並開始產生一些點子吧 ...... 我的意思是「問題」！

想出百萬美元商業點子的過程並非如此：

- 瀏覽 TikTok 或 YouTube 影片，盲目地模仿某個網紅宣稱對他們有用的東西
- 因某個天才新產品的完美形象而深受打擊
- 冥想、追隨熱情、腦力激盪

• 遵循任何關起門並想像這樣可能會帶來靈感的各種方法

實際的流程是這樣的：

1. 你能為人們解決的最痛苦（也稱為最有價值）的問題是什麼……

2. 你也對……充滿熱情和／或擁有獨特的專業知識

3. 針對你所屬於並能理解的最大利基市場……

這些非常簡單，但仍需要一些輕鬆有趣的動腦活動。

**請記住，此時請聚焦在你的影響力區域（你現有的社群）**：你在 TikTok 上擁有的 150 名追隨者、在當地 Taco Aficionados 群組中的 200 名成員、山地自行車俱樂部 WhatsApp 群組中的 300 位成員（更不用說在 subreddit r/mountainbiking 上的 143,000 位追蹤者）。身為問題尋求者，你的工作就是去你所在的社群。

你可以在 MillionDollarWeekend.com 網站找到各種產生創意點子的挑戰和更多範例。

現在輪到你了。請利用以下四個挑戰，提出至少十個可能獲利的事業想法：

## 1. 解決你自己的問題

以創業家尚恩‧希思（Shane Heath）為例，他熱愛咖啡，但討厭咖啡帶來的焦慮和緊張感。周圍的人都不停地說：「我也想少喝點咖啡啊。」但沒有人放棄咖啡——因為沒有比這更好的飲料可以喝了！

後來，尚恩去了印度並發現了印度香料奶茶。尚恩很喜歡，它的味道很棒，而且帶來一點咖啡因的刺激，卻又不會像咖啡一樣讓他全身顫抖。

所以尚恩發明了 Mud\Wtr。這是一種印度香料奶茶的咖啡替代品，並含有其他對健康有益的成分。

當他拿著裝有 Mud\Wtr 的馬克杯到處去時，人們都好奇想知道他喝的是什麼。所以他為朋友們沖泡了一些——大家紛紛為之著迷。

從困擾他的「小問題」所發展出來的事業，現在每年營收超過 6,000 萬美元！

當你有意識地練習「偵測問題」時，最終會變成在大腦裡自動運作的功能。那對我來說已經成了一種遊戲——尋找獲利小遊戲。

還沒有想法嗎？以下有四個問題可以幫助你啟動：

1. 今天早上有哪一件事惹惱了我？
2. 在我的待辦事項清單上，有哪一件事已經存在一個
   禮拜以上了？
3. 我常常會做不好的一件事是什麼？
4. 最近想購買卻發現根本沒人在生產的東西是什麼？

我養成了隨身攜帶筆記本的習慣，記下困擾我的事。
以下是我最近偵測到的三個商業機會：

### 幫我找東西

我的想法：我花了很多時間試著買一輛車，過程大約
一年。很久，我知道！我在線上研究資料、造訪汽車經銷
商、試駕等等。不管怎樣，我願意花一大筆錢請某人聽聽
我所有的想法和偏好，為我做研究以及幫我跟所有相關人
士對話，然後製作一份簡短文件，提供三個最佳選擇給我。

點子：你可以選擇一個特定領域，讓人們向你提出要
求，由你協助找到他們想要的任何東西。

### 為年輕單身人士推出的平價遠距室內設計

我的想法：在我 30 歲之前，都沒有屬於自己的空間，

所以我的家具一直是由各種 IKEA 物件組合起來的奇怪搭配。當你有錢時，要找個很酷的空間真的很容易；但當你預算有限時，這一點可能就沒有那麼容易了，但仍是有可能的。

點子：室內設計師是為有錢人工作的。我想到的這個業務是更簡單（也更便宜）的版本：我向某人傳送我現在住所的照片，提供我的偏好，然後由他們為我整理一份 Pinterest 建議的頁面。

### 朋友／活動媒合平台

我的想法：我喜歡槳板運動，喜歡上健身房，但我的朋友並不總是有空。

點子：Meetup 對團體來說很有好處，但如果有人或網站可以將我與某個人連結起來，將我加入這些活動中，那就太好了。最近，我一直在為正在做的事情尋找新的活動夥伴。我想到的網站或服務與 Meetup 類似，但更著重於個人層面。

## 挑戰

### 解決你自己的問題

利用問題找出三個點子，並將它們寫在百萬美元週末日記中或本書之中。

_____

_____

_____

## 2. 暢銷商品是你最好的朋友

哪些產品已經賣瘋了？iPad、iPhone 等。基本上，在亞馬遜暢銷榜清單中的任何物品都是。

你如何成為這些產品的配件（例如 iPhone 貼紙）或向這些人銷售服務（教某人如何使用 iPhone）？

向一大群已經花錢購買某產品或服務的人銷售，會更加容易。

以下是我的一些想法：

1. 為 Nike 運動鞋做客製化裝飾。

2. Xbox 遊戲的電玩教學。

3. 教導電腦新手如何使用 MacBook 筆電。

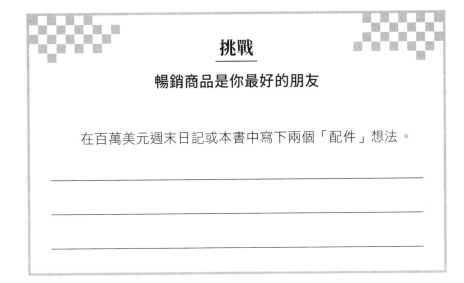

**挑戰**

### 暢銷商品是你最好的朋友

在百萬美元週末日記或本書中寫下兩個「配件」想法。

_____

_____

_____

附帶一提：如果這個方法不能激發你想出什麼點子，請不要擔心。請記住：這只是一個練習。這意味著一切都有可能──我鼓勵你寫下腦海中出現的所有想法：糟糕的、瘋狂的和不合理的各種想法。**不要自己編輯過濾想法**，不要想著「但這怎麼行得通呢？」，盡可能多寫下來。我們稍後會來進行削減。

## 3. 線上市集

　　我最喜歡的尋找點子方法之一，就是研究人們試圖花錢的市場。你的潛在客戶已經在各個地方公開尋求解決方案了！比如論壇、Facebook 貼文、推文、教會團體等等。

---

🔍 搜尋零工機會　　　　　　　　　　　　　　　　　🔍

☮ ☆ 助理保母　　　　　　　◀　你甚至不用照顧孩子！只需準備零食、
刊登日期：03-07　每小時20美元　　　規劃活動，然後等著領現金

☮ ☆ 洗衣、烘衣、摺衣（專業）◀　一個人的髒襪子是另一個人的搖錢樹
刊登日期：03-07　每件衣物9美元

☮ ☆ ▶ 誠聘自由撰稿人
刊登日期：03-06　每篇文章100美元

☮ ☆在農夫市集工作
刊登日期：03-06　每小時20美元加小費

☮ ☆ 我需要在我的房子裡建造一堵牆 ◀　你不需要另起爐灶。擅長一件事，
刊登日期：03-07　價格可談　　　　　並成為第一把交椅

☮ ☆坐在魔術表演台上一晚 ◀　鎖定沒人想得到的利基零工。
刊登日期：03-07　晚上8點至午夜　　另外找人來做這個工作，並與對方分潤

**最近在 Craigslist 網站上的搜尋和所有機會資訊**

---

　　在 Craigslist 廣告平台、Etsy 或是 Facebook 的市集（Marketplace），每天都有數百萬人希望付費來解決問題。因此，你可以在廣告平台上尋找頻繁被提出的需求，找到

人們願意支付金錢以換取的服務有哪些。

　　檢查交易平台上的成交清單，這可以讓你了解某些產品的銷售情況如何。這也是衡量商品銷售價格和衡量市場上獲得出價的整體百分比的簡單方法。

## 挑　戰
### 逛逛線上市集

　　造訪如 Etsy、Facebook Marketplace、Craigslist 或 eBay 之類的市集，並在百萬美元週末日記或本書中至少寫下一個產品或服務的想法。

_____

_____

_____

### 4. 搜尋引擎查詢

　　當人們「已經」想要某樣東西時，出售這樣東西就會容易得多。人們每天使用 30 億次 Google 搜索，讓你可以

直接了解客戶的想法和需求。

　　要讀取到這些想法，你需要從人們想要解決的問題（查詢）倒推他們可能願意付費的解決方案。如果做得好，這種方法非常有效，現在甚至有監測工具可以使此過程更加容易（例如 AnswerThePublic.com，它會尋找與你輸入關鍵字相關、最常被搜尋的問題）。

　　請嘗試搜尋某些問題：

　　「如何訓練我的貓使用廁所？」

　　「最適合全家一起旅行的地方？」

　　「巴塞隆納哪裡可以租自行車？」


　　評估最常見的問題（或缺乏的問題），看看你是否可以從這些請求發展，建立產品或服務。要弄清楚哪些問題更有可能帶來事業上的成功，請問問自己：潛在的解決方案是維生素（可有可無）還是止痛藥（一定要有）？

　　我也會使用 Reddit.com 作為商業點子的金礦。它是最大的線上論壇之一。前往 r/SomebodyMakeThis Reddit 子版塊（那裡有許多人積極提供想法），並從中尋找讓你感興趣的前兩件事。

Q  如何訓練我的貓做……                                    ×  ⬚

Q  如何訓練我的貓使用廁所

Q  如何訓練我的貓讓我用繩子牽著走

Q  如何訓練我的貓遠離櫃檯

Q  如何訓練我的貓停止亂咬

Q  如何訓練我的貓成為治療貓

Q  如何訓練我的貓坐下

Q  如何訓練我的貓不要咬東西

Q  如何訓練我的貓和我一起睡覺

Q  如何訓練我的貓成為室外貓

Q  如何訓練我的貓待在室內

**範例：Google 上愛貓人士搜尋的問題**

## 挑　戰

### 搜尋引擎查詢

　　使用搜尋引擎問題和 Reddit 論壇再多找兩個想法，將它們寫在百萬美金週末日記或本書中。

　　現在，你應該有一個包含至少十個點子的清單。你也可以使用你在第一章中向朋友詢問的商業點子。

　　使用四個挑戰（解決你自己的問題、參考暢銷商品、線上市集和搜尋引擎查詢）。

　　請在這裡寫下你的十個點子：

1. _____

2. _____

3. _____

4. _____

5. _____

6. _____

7. _____

8. _____

9. _____

10. _____

　　現在，你必須從這十多個點子中，選出最好的三個。

　　沒有所謂「完美」的想法。例如，AppSumo 在一開始時是銷售網路工具捆綁包，3 年後演進為單獨交易網站，僅

銷售我們自己的客製化軟體和課程。你的想法會隨著時間的推移而演變，正如所有企業一樣。

　　所以你要做的就是：列出十多個想法，並刪除那些你不感興趣的想法。

　　如果排名前三的點子向你尖叫著「選我！選我！」，那麼你的工作就完成了。

　　如果你無法決定，請選擇你認為最容易實施的方案，還有你（最好是其他客戶）會很高興花錢購買的。

　　就是這樣。

　　如果你認為自己的想法很糟糕或太難，請不要擔心。真正的價值是學習創造、評估和驗證你的點子與想法。在下一章中，你將學習如何確定手邊的機會是否價值百萬美元。

第四章

# 一分鐘商業模式

## 將點子形塑為百萬美元大好機會

「好，」我說，「讓大家看看我怎麼做吧！」

我的「每月1,000美元」課程學員們很擔心，因為他們還沒有一個人真正賺到第一個1,000美元。他們一開始時都很興奮，但真正要銷售產品時，卻畏縮不前。

我想讓你知道，這不必那麼可怕。「我會想出一個點子，然後在這週就能賺取1,000美元的利潤。」我告訴他們。我看到他們或笑或嘲弄地回應我。

被我視為小組長的馬可轉向我。「我們真的很尊敬你，諾亞，」他說，「但是一週太長了。對你這樣的人來說，這任務聽起來太容易了。24小時怎麼樣？而且由我們來選擇你要發展什麼點子？」

其他人也點了點頭。

我笑了出來。這些人還真有膽量啊。

「好吧，各位。遊戲開始。」

所以我們達成了一項協議：我可以選擇學生建議中的任何一個點子來發展事業，但我不能使用我的 AppSumo 網路和郵件清單來推廣它。我必須像那些沒有大量社交媒體粉絲的人一樣進行。

5 分鐘後，大量的點子湧入。在學生建議的生意中，最有趣的三項是檸檬水、莎莎醬以及肉乾。

我喜歡檸檬水。

也喜歡莎莎醬。

但是，我**愛**肉乾。

更重要的是，我對肉乾知之甚詳。我已經每個月在這東西上花費大約 50 美元，我估計，至少我那些注重健康的朋友也花了差不多這個金額。

我認為他們和我一樣在尋找不同的口味和品牌，即使每個月都會出現數十名新的「肉乾職人」試圖滿足市場需求。這可能是一個不斷成長、價值數百萬美元的市場。

儘管如此，我還是很緊張。在不使用現有資源的情況下，我能在 24 小時內賺到 1,000 美元嗎？壓力來了。

在接下來的兩章中，我會向你介紹這個肉乾實驗，以展示我將要教給你的所有內容——這些幫助我在一天內創建了一個新事業，並在兩年後以 12 萬美元的價格出售它。（如果我們繼續營運下去，這個事業可能會衝到七位數的營收，但我比較想繼續往前進並做其他創業實驗）。在本章中，你會透過一個三步驟過程來驗證你的新創事業，是否有潛力創造百萬美元營收，其中也包括了我在某些運作不太順暢時，如何調整商業模式的過程（正如我在肉乾實驗的第 12 個小時中必須做的那樣）。

以下是你將學到的內容：

1.「這是一個價值百萬美元的機會嗎？」你將研究市場來找出答案。

2.「我的模型是什麼？」你將透過勾勒出收入、成本和利潤來創建簡單預算，這樣就知道需要銷售多少單位以及定價多少，才能賺取 100 萬美元。

3.「如果結果行不通怎麼辦？」你將進行調整和發展：運用客戶回饋來調整事業中的各項變數（定價、模型、價格、類別等等），使它變得更大、更好。

要追求心中認定會成功的點子，你的資源是有限的。

如果你無論如何都會拚命工作，那就針對最有利的那個點子來努力。

因此，你可以將本章視為尋找獲勝者的戰術方法。你將把上一章的三個點子縮減為一個，並由此發展可靠的商業模式和充滿成長潛力的市場。

## ◤ 第一步：尋找價值百萬美元的客戶

親愛的讀者，你是衝浪者。你所銷售的產品或服務就是你的衝浪板。市場就是浪潮，而浪潮才是最重要的。

即使你是一位出色的衝浪者，擁有令人驚嘆的衝浪板，但如果沒有一道好浪，仍然會失敗。

巨浪是理想的選擇，但任何好的大浪都可以。

請記住，不要認為「找到一個大浪」意味著必須進入熱門新技術領域。隨處都可以找到很棒的浪潮。如果身處一個服務不足的草坪護理市場，那麼園林綠化就會是一項大浪業務，真的！

以紐約市的專業排隊員羅伯特・山繆爾（Robert Samuel）為例。他在被 AT&A 客服部門解雇之後，觀察到每次 iPhone 新機型發行時都有一陣狂熱。因此，他於 2012

年在 Craigslist 上投放了一則廣告，驗證是否有人願意付費請他代客排隊。當他第一次工作 15 小時獲得 325 美元的報酬時，知道自己找到大浪了。

如今，他的公司 Same Ole Line Dudes（SOLD）僱用了30 名帥哥和美女，代客排隊等待各種商品。排隊等候時長為 2 小時，最低收費 50 美元，每增加一小時再加價 25 美元。代客排隊等候的商品從熱門新款運動鞋到 DMV，再到最新發布的 iPhone。這項業務為羅伯特每年賺進 8 萬美元。

你可以駕馭無數與科技無關的浪潮。科迪・桑切斯（Codie Sanchez）在社交媒體上擁有超過百萬粉絲，因為她教導人們如何擁有和經營自動販賣機和房車租賃等「無聊的生意」。

好浪的重點不在於有多酷，而是在於有客戶。**我想說的是：你的工作不是創造「看起來令人興奮的東西」產生需求，而是找到「現有的需求」並滿足它。**

你可以擁有世界上絕對最好的想法，或者看起來像這樣的東西，但如果沒有需求，最終不會出售任何東西。

你不是想說服人們相信他們需要你的產品。你不是想乞求他們購買。當你開一家墨西哥捲餅餐廳時，你想要的就是飢餓的人群。

**羅伯特的廣告**

當我回顧自己的一生時，參與規模龐大、不斷增長且勢頭強勁的「巨浪」市場一直是我成功的重要組成部分，現在當我考慮新事業時，那也是我優先考慮的事情。

Facebook？大學生大量使用，還有全世界都渴望在線上建立聯繫。

Mint？如果你在尋找「希望有一個免費金融工具來省錢與賺更多錢的人」，這是一個巨大市場。

Kickflip？Facebook 和 iPhone 開放了應用程式和遊戲的平台，導致遊戲開發者數量激增。

Gambit？隨著各式各樣的遊戲推出，每個人都需要支付方式的選項。

當全世界的人都想成為創業家，並需要軟體來實現這一目標時，我推出了 AppSumo。

當我創辦 AppSumo.com 時，我們只能推廣大約 20 種軟體工具。但在接下來的 10 年裡，人們購買和製作軟體的市場出現了爆炸性成長。這給了我一個更容易的機會，創造收入 6,500 萬美元的事業。

然而事情不總是那麼容易。沒有多少私營企業公布銷售數據。但還有很多其他方法可以確保你衝到一個好浪。

這其中有什麼規則嗎？

**為了擁有百萬美元事業，你需要有個百萬美元的機會。**

就是這麼簡單。問題是，如何證明你有這個機會？有抱負的企業家經常認為需要試算表和廣泛的研究來想出辦法。這些只會讓你分心。讓我告訴你一個更好的方法。

這是一個市場機會練習。假設你有鬍子或喜歡的人有鬍子。問題是：鬍子讓人很癢！在你投入幾個月的時間創造「世上最棒鬍鬚油」之前，讓我們先弄清楚你是否真的可以從這個點子中賺到 100 萬美元，也就是說，請先看看這裡是否有生意可發展。

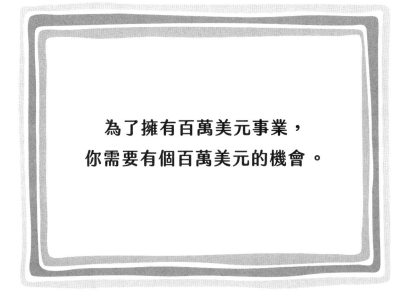

為了擁有百萬美元事業，
你需要有個百萬美元的機會。

為了確保這是個價值百萬美元的機會，需要回答兩個關鍵問題：

1. 整個市場是萎縮、持平還是成長？你想要的是持平的市場，如果是成長的市場會更理想！

2. 這個市場裡有價值百萬美元的機會嗎？為了弄清楚這一點，我們必須知道潛在客戶的數量和你的產品價格。

首先，我會檢查是否有足夠的顧客想要購買你的鬍鬚油。市場規模是快速了解任何專案潛力的最重要變數。

我使用 Google Trends 和 Facebook 廣告來回答這些問題。它們是幫助我評估目標市場的規模和成長潛力的絕佳工具。

使用的工具可能會變，但此處的重點是透過回答以下問題來呈現資訊，顯示你的市場有多大，以及是否不斷成長：

**1. 市場是在成長還是在萎縮？** 在 Google Trends 中搜尋關鍵字「鬍鬚」和「鬍鬚修剪」，並將它們的搜尋流行度與類似用語（例如「理髮」、「刮鬍刀」）進行比較，看

看在過去幾個月和幾年中的變化。藉此,你可以知道這些
圖表趨勢,最好是持續成長的圖形。

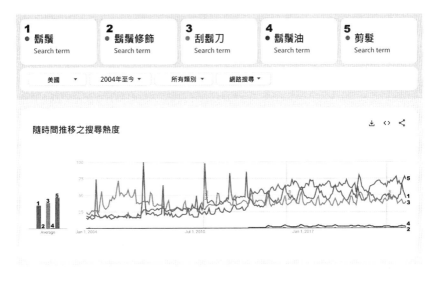

**Google Trends 搜尋顯示對不同鬍鬚相關用語的搜尋熱度**

**2. 有多少潛在客戶?**我強烈建議使用 Facebook 廣告管
理員(Facebook Ads)來研究你的市場規模。 Facebook 幾
乎就是整個世界,令人驚訝的是,他們實際上可以讓你輸
入你正在考慮的任何業務類別關鍵字,並查看大致的受眾
規模。你還可以使用 Facebook 廣告檔案庫(Facebook Ads
Library)查看針對你的關鍵字和位置在 Facebook 上進行的
每一個廣告,這對於發現競爭對手並為自己的行銷工作獲

取想法是非常有幫助的。

**如果你想觀看我進行這項分析的影片，請瀏覽 MillionDollarWeekend.com 網站。**

搜尋「鬍鬚」顯示美國在 Facebook 上對鬍子感興趣的人數：1,600 萬到 1,900 萬。這數字不錯。

搜尋「鬍鬚油」的呢？

大約有 2,500 萬人。賓果！

現在，你也可以使用這些工具來專注於更具體的角度。例如，搜尋其他你可能可以鎖定的群體：

- 區域潛在客戶：在當地城市的蓄鬚者
- 更利基的市場：更窄的利益團體，例如向內生長的臉部毛髮
- 基於人口統計變項：非裔美國的蓄鬚者

**在 Facebook 廣告管理員的目標對象輸入「鬍鬚」的搜尋結果**

## ▐◤ 第二步：此處有價值百萬美元的機會嗎？

當我在加州大學柏克萊分校開始推廣 Ninja 折扣卡業務時，校園裡只有 2 萬 5,000 多名學生，我有信心可以以 10 美元的價格出售折扣卡。如果我做到百分之百的生意，最多也只會有 25 萬美元。如果我擴展到加州所有主要大學校園，可以達到 100 萬的學生市場。很明顯，這可以輕鬆創造出價值數百萬美元的事業。

以下是你要尋找的主要內容：

- 選擇你認為最適合客戶的價格點。
- 將其乘以理想客戶的數量。
- 這是否至少等於 100 萬美元？是或不是？

就這麼簡單！


現在讓我們評估一下我們的鬍鬚油想法：

- Google 趨勢：持平但稍有成長
- 市場規模：250 萬人
- 產品成本：50 美元
- 總價值：125,000,000 美元
- 價值數百萬美元的創意？是的！

瞧，這是評估你的機會是否價值百萬美元的超簡單方法。不要成為一個「想要創業家」，不要浪費時間精確計算收入或擔心最佳價格點。我們只是想快速地測試看看這點子是否具備百萬美元潛力。讓我們再舉一些其他的例子。

### 協助設置居家辦公室的點子

- Google 趨勢：顯著上升
- 市場規模：5 萬人
- 產品成本：500 美元
- 總價值：25,000,000 美元
- 價值數百萬美元的創意？是的！

用超級 DJ 卡利（Khaled）的話來說，這是「又一個佳作」！但是，情況並非總是如此。

### 月訂閱制越南河粉湯的點子

- Google 趨勢：興趣不大，沒有成長
- 市場規模：1,000 人
- 產品成本：20 美元
- 總價值：20,000 美元

・價值數百萬美元的創意？不是。

如果你喜歡做河粉湯並想投入這一行，先說聲抱歉啦，但我個人是不會碰這個商業點子的，因為我看不到足夠的需求！這可能是一個有趣、出於熱情而非為了賺錢的專案，它不是一個價值百萬美元的生意。

以下有四個例子可供比較：

| 數據／<br>商業點子 | 設置居家辦<br>公室 | 非酒精飲料<br>訂閱制 | 越南河粉湯 | 加密貨幣稅 |
|---|---|---|---|---|
| Google 趨勢 | 顯著上升 | 顯著上升 | 上升 | 爆發性上升 |
| 市場規模 | 50,000 | 50,000 | 1,000 | 50,000 |
| 成本 | 500 美元 | 200 美元 | 20 美元 | 250 美元 |
| 市場機會 | 25,000,000<br>美元 | 10,000,000<br>美元 | 20,000<br>美元 | 12,500,000<br>美元 |
| 是否值得追求？ | 是 | 是 | 否 | 是 |

請瀏覽 MillionDollarWeekend.com 網站，查看十多個有關逐步評估商業點子的範例。

你想要的就是知道這個商業點子是否值得追求。現在我們知道它是值得的，接下來，讓我們確認你可以如何獲得這百萬美元。

為了做到這一點，我們將使用一分鐘商業模式（One-

Minute Business Model）。

## ▐◀ 第三步：一分鐘商業模式

-----------------------------------------------------------------

　　許多人要我幫他們看看商業計畫。我總是給出同樣的
建議：「你的計畫就是賺錢！」

　　實際上，你不會獲得這個市場 5% 或 10% 的占有率，
但現在讓我們看看如何為自己創造百萬美元的利潤。

　　收入－成本＝利潤。這些決定了你是否可以賺到第一
個百萬美元。

**收入（你賺得的所有錢）－成本（賺到錢需要花多少錢）**
**＝利潤（能帶回去的金額）**

　　這顯然非常基本，但重點就在此：你只需要這麼簡單
的計算，來評估是否可以達到百萬美元。

　　讓我們放一些數字進來，看看它是如何運作的，我們
繼續使用鬍鬚油為例來說明：

| 鬍鬚油售價 | 50.00 美元 |
| --- | --- |
| 製造、包裝和運輸成本 | 37.50 美元 |
| 每單位銷售利潤 | 12.50 美元 |

你可能會擔心廣告成本、最適定價、製造商、當客戶的鬍鬚看來很棒的時候會發生什麼事……我知道。這就是擔心太多事情的你內心的恐懼。我們此時需要的是粗略的估計。你現在需要的是衝勁，其他細節可以稍後再討論。現在，讓我們專注於高層次的內容，看看你的事業具備何種潛力。

如果你每售出一個產品就能賺取 12.50 美元的利潤，那麼就很容易計算出，你需要售出多少才能賺取 100 萬美元。你只需要將目標利潤除以利潤即可：

| 目標利潤 | 1,000,000 美元 |
| --- | --- |
| 每單位銷售利潤 | 12.50 美元 |
| 所需之總銷售數 | 80,000 個 |

嗯，要賣出 8 萬個聽來顯然有點難，但請考慮以下因素：

• 這只是透過 Facebook 看到的人數。

- 這只適用於一種鬍鬚產品。如果你在鬍鬚油上成功了，就可以輕鬆地重複這種模式套用在其他理容產品上。

- 這只是針對這些客戶的第一次銷售。向現有客戶銷售產品比獲得新客戶要容易得多，因此一旦我們建立了良好的客戶群，就可以生產更多產品來銷售給他們。

- 另外，你也很有機會可以使用訂閱制來增加銷售給每位客戶的數量。

從所有方面來看，我們似乎擁有一個價值百萬美元的想法。事實上，我知道一個事實：我的好朋友創立了Beardbrand.com，就是靠上述做法賺得數百萬美元。

當然，事情並不總是那麼簡單。有時你會調整各種數字，發現你需要重新考慮生意的某些方面，正如我在肉乾挑戰一開始所做的那樣。

我接受了學生的挑戰，並花了大約 3 分鐘決定把它稱為 Sumo Jerky（在每個人都否決了 noahsajerk.com 後），我在健身房邊用 StairMaster 踏步機邊與同事安東（Anton）交談，聊到等我明天早上開始推動這件事會有多麼容易。

「老兄,這根本就太容易了。肉乾很健康,而且真的很受歡迎。」我說。

但幾個小時後的午夜時分,躺在床上的我被一陣焦慮所淹沒。我想著,我只有 24 小時了!如果我失敗了,那就太尷尬了。

我從床上跳起來重新計算數字。一分鐘商業模型告訴我需要調整業務模式,著實救了我一命(免於丟臉的命運)。

我原本計劃以 20 美元的價格出售一個月份的肉乾,因為這似乎是我個人願意支付的合理價格。

透過網路上的一些搜索,我發現我要以每份 10 美元取得肉乾,每一訂單的運費約為 5 美元。

| 1 袋肉乾 | 20 美元 |
|---|---|
| 採購、包裝和運輸成本 | 15 美元 |
| 利潤 | 5 美元 |

喔喔 ...... 這意味著:

| 目標利潤 | 1,000 美元 |
|---|---|
| 每單位銷售利潤 | 5 美元 |
| 所需之總銷售額 | 200 袋 |

要在 24 小時裡賣 200 袋肉乾？

噢，時間太短、目標銷售量太大啦！

當我意識到永遠無法實現 Sumo 肉乾的單次銷售目標後，我開始重新思考。這讓我想起了之前創辦的其他業務，例如我的會議系列「CommunityNext」。

我在創辦會議業務時，是從出售單張門票開始的，這很有效，但需要付出大量努力。這讓我陷入困境，直到我想到：哦，我可以透過向公司出售贊助套餐來賺更多的錢，然後公司可以向員工或客戶分發門票。這反過來又讓我思考，是否可以將贊助模式應用在肉乾市場。

**如何在每筆交易中完成更大的交易？**

**訂閱服務怎麼樣？**

如果我可以銷售訂閱制，就可以大幅減少所需的銷售數量。如果都是 3 個月訂閱，我只要賣 67 個。如果訂閱 6 個月呢？只要賣 33 個。

我還意識到，如果我向提供零食的辦公室銷售產品，就會更容易找到可支配預算較大的客戶。另外，我認為我在公司裡有很多親近的朋友，他們可以為員工購買或將我推薦給他們的辦公室經理。

| 專業提示 | 當你要推出一項事業時，始終都要問問自己：這是一次性購買嗎？還是客戶會時不時消費而購買？還是你可以把它設計為每月重複進行的銷售？

從事再訂購業務總是更好的選擇。

——約翰·保羅·瓊斯·德喬利亞（John Paul Jones DeJoria），肯邦（Paul Mitchell）和 Patrón Spirits 創始人

隨著 24 小時挑戰時間不斷流逝，讓我們看看接下來會發生什麼事！

## ▌◤ 第四步：調整與發展——你的收入調節器

幾乎每一個成功的企業都必須在過程中調整方向或改變路線。也許你一開始就選擇了錯誤的市場。或者，你提供產品中的某項功能或許才是人們想要的。請睜大眼睛尋找鄰近的機會。

對我來說，實現目標的最簡單方法是向企業出售長期訂閱，藉此增加平均訂單價值。

我的一分鐘商業模型改為：

| | |
|---|---|
| 產品成本 | 120 美元 |
| 6 個月訂閱 | 60 美元 |
| 運費 | 30 美元 |
| 利潤 | 30 美元 |

現在我只需完成 33 筆銷售（目標利潤 1,000 美元／每張訂單利潤 30 美元）即可實現這一目標。比一開始的 200 筆訂單的目標更可行！

透過調整收入調節器，我更有可能讓 Sumo 肉乾真正賺到錢。以下是你可以使用的六個收入調節器：

1. 平均訂單價值：增加客戶的購買金額。

2. 頻率：增加人們購買你服務的頻率。

3. 價格點：提高或降低價格點以影響總銷售額。

4. 客戶類型：接近更有利可圖／更富裕的客戶群。

5. 產品線：增加額外的產品，使業務更具吸引力。

6. 附加服務：如果你銷售餅乾這一類的產品，是否可以提供如舉辦生日派對或在對方家中烹調等服務？

業務調整的案例：

- AppSumo 最初為矽谷新創公司提供捆綁式軟體優惠，後來轉而向行銷公司銷售自有商品。
- Gambit 最初在 Facebook 上製作體育遊戲，但後來發現了社交遊戲支付領域的真正機會。
- 山姆‧帕爾（Sam Parr）的 thehustle.co 從舉辦現場活動轉變為只專注於宣傳活動的資訊提供。有趣的事實：資訊提供業務以八位數的高價賣給了 HubSpot。

## ◤ 百萬美元的機會挑戰

---

　　本章的挑戰是要邀請你檢視一下，自己的點子是否為具備價值百萬美元的機會。

　　現在，該選擇哪個點子來測試？請選名單上的第一個！

　　難的不是要選擇哪一種點子，而是在獲得客戶。這就是你首先要聚焦的地方。

　　這裡真正的目標不是在看哪個想法才是黃金，更主要的目的是為了確認市場規模，並在稍後做進一步的驗證。如果你的第一個想法通過了百萬美元的機會測試，那就太

完美了。請繼續閱讀下一章。

如果沒有通過，那麼請繼續檢測你的下一個點子，並透過相同的評估流程。不要以自己的方式行事，執著於想知道哪個點子最好。

1. 選擇一個事業點子。

2. 確保這是一個價值百萬美元的機會。

3. 確認你的事業點子是有利可圖的。

如果還是不知道如何做到這一點，而且不想直接選擇清單中的第一個想法，那麼就從最讓你自己有熱忱（最興奮）想解決的問題開始。

你想要創立的事業想法：＿＿＿＿＿＿＿＿＿＿＿＿

讓我們先檢測市場規模：

| 數據／創業點子 | 居家辦公室設置服務 | 你的點子 |
|---|---|---|
| Google 趨勢 | 顯著上升 | |
| 市場規模（透過 Facebook 廣告管理員進行分析） | 50,000 | |
| 成本 | 500 美元 | |
| **市場機會** | **25,000,000 美元** | |
| **是否值得追求？** | 是 | |

如果你的點子值得追求,接著請確保它有利可圖。

計算你的利潤:

|  | 居家辦公室設置服務 | 你的點子 |
| --- | --- | --- |
| 價格 | 500 美元 | |
| 成本 | 25 美元 | |
| 利潤 | 475 美元 | |

接下來再檢驗看看,你是否可以透過這項業務賺到 100 萬美元:

|  | 居家辦公室設置服務 | 你的點子 |
| --- | --- | --- |
| 你的目標利潤 | 1,000,000 美元 | |
| 每單位銷售利潤 | 475 美元 | |
| 所需銷售量 | 2,105 | |

請瀏覽 MillionDollarWeekend.com 網站,查看整個過程的影片演練。

2105 個家庭辦公室設置量看起來很多。但如果你有大量關於家庭辦公室的追隨者,也許就不會了。如果你剛開

始，可能需要調整想法或考慮一個新的想法。這個過程可以省下你處理潛力不大的點子的時間。請隨意將它用於你的各種點子來比較其發展機會。你的夢想可能不是賺 100 萬美元，這項練習可以幫助你知道，成功達到你想要的自由數字，可能性有多大！

　　距離 Sumo 肉乾挑戰的截止期限還有 12 個小時，是時候與客戶交談，看看我是否真的能產生 1,000 美元的利潤啦！讓我們去為你的生意爭取一些客戶吧。

第五章

# 48 小時金錢挑戰

## 透過獲得報酬來驗證事業

沒錯，肉乾（jerky）。不，我不是在說你混蛋（jerk）啦。我真的是在賣肉乾喔！為像您這樣的公司提供 3 個月、6 個月和 12 個月的套餐，你想要哪一個？太棒了！您將在 SendGrid 訂閱 12 個月的方案。愛你呦！您可以透過 paypal@okdork.com 用 PayPal 支付嗎？酷喔！當我在接下來的幾週內發貨時，希望你的同事們會非常崇拜你！

這就是我一整天的狀態：背著肉乾到處兜售，彷彿在迎戰 24 小時挑戰一樣。因為我的確是在挑戰 24 小時任務！

以下是我傳送給柴克的電子郵件範例，他是第一批購買者之一（請注意傳送時間）。

主題：今天的問題。　　　　　（發出時間：凌晨 2:01 ）

收件人：柴克

寄件人：諾亞‧凱根


我正在測試一個新項目。我想你會喜歡它：

每月提供肉乾的服務。

每月 40 美元就可以每天吃到健康的肉乾，也就是每天大約 1.42 美元，就能吃到美味零食。

我目前嘗試出售 3 個月（120 美元）或 6 個月（240 美元）的方案。你要加入嗎？

今天僅限 20 名，這樣我才能在下週批量訂購送貨。

===> paypal@okdork.com


祝好

諾亞

附註：你知道有哪些辦公室會採買零食，可以讓我跟窗口聊聊的嗎？

　　這是漫長的一天。經過我的努力，以下是 Sumo 肉乾最終銷售數字：

- 總收入：4,040 美元
- 利潤：1,135 美元！！！

　　對於一個被 Facebook 解僱，還以英語為第二語言的人來說，這還不錯。

　　（你可能想知道的一件事是我是如何取得肉乾。當你從顧客那裡得到錢時，要出貨是很容易的，但也要擔心是否能及時出貨。我透過 Google 和 Instagram 搜索並聯絡人們，讓他們以我列出的價格賣肉乾給我）

　　現在，你已經成功驗證了自己的點子具有百萬美元的銷售潛力。

　　現在該是時候測試人們是否真的會花錢買你的產品了。

　　這個步驟非常關鍵！你的許多點子在理論上看起來都很棒，但在實際測試目標市場的支付意願之前，你永遠不會知道那些想法是否可能轉化為生意。

　　比方說，當我推出 AppSumo 時，並沒有百分百相信人們想要類似 Groupon 的模式在線上購買優惠軟體。因此，我必須透過先確認是否可以獲得付費客戶，藉此驗證 AppSumo 的商業模式。

所謂的驗證是指：在 48 小時內找到三位願意為你的點子付錢的客戶。

AppSumo 的驗證效果非常好，自從我在創建 AppSumo 時發現了驗證的威力後，就在後續開展的每一項事業中使用了驗證流程，包括現在的 Sumo 肉乾。

我在使用驗證過程時發現：一旦你理解它，就可以將它應用於任何商業點子上，不管它有多麼微小或瑣碎。

每一個潛在的商業點子都可以立即驗證，這就像是你自己的魔杖一樣。

進行驗證的好處是直接而且關鍵：

1. 你不會浪費時間。

2. 你會省下很多錢。

3. 你會發現自己的點子是否真的能吸引客戶。

4. 你可以先拿到錢。

5. 你為自己點了火，產生開始行動的能量。

透過「驗證」可以節省時間和金錢，最終使你可以測試盡可能多的點子。理論上，你每年可以輕鬆測試 52 個想法，但這不是必需的，因為這種方法可能最多只需要你花 3 到 5 個週末，就能找到黃金！

## ◤ 「驗證」流程的黃金法則

驗證的過程跟我接受「每月 1,000 美元」學生們的挑戰、用來驗證 Sumo 肉乾的過程類似。為了驗證，我設立下驗證的黃金法則：

**在 48 小時內找到三位願意為你的點子付錢的客戶。**

「成功」意味著行動迅速且不花錢。這就是驗證黃金法則如此有效的原因。它是這樣運作的，這也正是它之所以如此有效的原因：

- **你只有 48 小時**。限制會激發創造力。嚴格的時間限制會打斷你內心那個「想要創業家」的種種懷疑，迫使你快速反覆進行並發揮創造力，直到你找到可行的東西。

- **獲得前三個客戶**。你的第一個顧客是朋友，第二個顧客是自己的家人，但第三個顧客就難了。你認為這很容易嗎？那就試著獲得三個客戶看看。不用擔心建立業務，現在只是先驗證您的想法是否可行。如果現在就這麼難，那之後只會更難。

- **預先收錢**。付款的「承諾」不代表通過驗證，那是一種禮貌的拒絕。讓顧客交出他們的錢，讓這一切

成為現實。但你需要從真的人那裡得到真的錢。如今，PayPal、Stripe、Cash App 和 Venmo 等服務都讓收款變得更容易了。

此處的關鍵是：如果你只需描述產品或解決方案，就可以讓某人快速給你錢，那就沒問題了！

你不是在試圖創造需求，而是在試圖了解人們對你所提供的幫助會有多麼興奮。

## ▌ 驗證任何商業點子的三種方法

### 方法一：直接預售

我最喜歡的產品市場驗證法，就是與真人進行真正的接觸，告訴他們我在賣什麼，然後開口要錢，看看他們的反應如何。積極預售給最初期的幾個客戶，是創業家開展事業的最佳方式。

我的朋友艾瑞克在兩週內預訂了 8,000 美元的生意，他的方式就只是不斷敲門並遞給人們傳單，問候對方：「嘿，你好嗎？我是山麓油漆公司的艾瑞克。我發現你房子這邊的漆有點脫落了，我想免費提供一個報價給你參

考。」這個只有兩句話的推銷話術為他帶來了一年 75 萬美元的生意。

或者看看達娜的例子。她是一位典型的「想要創業家」，她報名參加我的「每月 1,000 美元」課程，想要創辦與馬相關的事業。她放棄建立昂貴的應用程式，轉而使用預售方法來快速又便宜地進行驗證。

以下是改變她觀點的具體對話：

達娜：我正在做與馬有關的事業。我們將在 4 個月後推出。我需要有配合的馬匹和馴馬師，然後我有專業人士的資源。

諾亞：好的。

達娜：嗯，所以我們正在尋找程式開發人員和資金來打造事業的原型。

諾亞：好，那麼你想要解決的實際問題是什麼？

達娜：嗯，我參加了大量的 Skillshare 課程，我正在做客戶研究，我們正在與程式開發人員合作，預計在 4 個月內推出網站。

諾亞：容我再問一次，你要解決的實際問題是什麼？

達娜：我們希望幫助教導人們如何照顧馬匹。

諾亞：好，現在我們開始有點進展了！那麼，針對這件事，人們現在都做了什麼事，這中間有什麼問題嗎？

達娜：YouTube 上的影片很糟糕。擁有馬的人們都很有錢，卻無法獲得豐富的知識。

諾亞：喔喔。那麼如何證明人們真的願意花錢來解決這個問題呢？

達娜：我可以傳訊息給我參與的馬兒相關族群和朋友，看看他們是否願意為我的專業知識付錢。

諾亞：嗯，說到重點了！


達娜向朋友以及馬兒相關族群中的人傳送訊息，藉此進行「測試」，經過一週就正式賺到她的第一個 1 美元（實際上是賺到 1,000 美元）。她不需要一個成熟的網站或應用程式來開展事業。唉呀，她甚至沒有公司銀行帳戶或有限責任公司哩！在最開始的幾個月裡只有 PayPal（或 Venmo、Cash App，或真正的美元現金！）


### 你的預售十大夢幻客戶清單

你在第三章中學到「客戶第一」的方法。現在，請使用在那裡學到的方法，建立你要進行預售的十個客戶名單。

你的目標是確定哪些人最容易成為你的理想客戶。有
了它們，就能以最快的速度從零進展到 1 美元。

首先，建立一個包含十行的表格。這些將是您的十大
夢幻準客戶：你想要驗證商業點子的理想人選 [8]。

以下是要使用的欄位：

| 姓名 | 公司 | 電話 | 電子郵件 | 聯絡時間 | 何時跟進 | 註記 |
|---|---|---|---|---|---|---|
| | | | | | | |
| | | | | | | |
| | | | | | | |
| | | | | | | |
| | | | | | | |
| | | | | | | |
| | | | | | | |
| | | | | | | |
| | | | | | | |
| | | | | | | |

你可以在 MillionDollarWeekend.com 取得免費的「十大夢幻準客戶」表格檔案。

---

8　十大夢幻準客戶是受到查特・賀姆斯（Chet Holmes）的啟發，他提出夢幻百大
　客戶策略的概念，並寫於《業績是勉強出來的 !》（The Ultimate Sales Machine）
　一書之中。

　　讓這件事容易一些：從你可能感興趣的好朋友開始，也就是你的影響區。很多時候，人們會因為想走出自己的領域而讓整件事變得困難。他們這樣做是為了避免被拒絕，但實際上，你的人脈會希望幫助你取得成功。

　　查看 Facebook 中的好友清單、Facebook 社團、你最喜歡的聯絡人、LinkedIn 聯絡人、前同事、過去的客戶、簡訊清單、教堂或猶太教堂的教友、你的推特追蹤者，以及其他符合你理想客戶樣貌的人。

　　以我的 Sumo 肉乾驗證流程為例，我寫下了關注健康的朋友、過去在辦公室一起共事的朋友，以及在辦公室工作、拿我錢提供我服務的人們。

　　當你完成此操作時，應該已經填寫了至少十行，即是你的十大夢幻客戶。

　　但如果你在想，天哪，我不知道有十個人可以買這個，那你可能需要考慮另外一個不同的商業點子。希望並祈禱世界上有 1,000 個人會神奇地購買它，套句我父親說的，這就像是生活在幻想世界之中。尋找你有些影響力的市場和企業，這樣比較容易成功。

　　現在，該是把這份清單變現的時候了！

### 預售點子的話術

我的好友丹尼爾‧列芬伯格（Daniel Reifenberger）在當地蘋果商店的日常工作中萌生了第一個成功創意。他在店裡教嬰兒潮世代和小老太太們如何使用電腦。每天，他的顧客都會問他：「我可以把你帶回家嗎？」

他原以為這些小老太太在吃他豆腐，直到他意識到她們真正想要的是什麼：到府電腦技巧培訓。

丹尼爾總是用他的技術幫助朋友和家人們，為了驗證他的到府電腦技能培訓這個想法，他請親友們幫忙推薦，在一週內就獲得了三位付費客戶。

他的第一個客戶是還在使用手工作業的客戶，藉此他就賺取了第一筆收入，而且沒有在交通費以外投注半毛錢。他唯一的設備是一支電話和他的個人電子郵件。

如今，他的技術諮詢業務已達到每月 2 萬美元的收入。

讓我們仔細研究類似丹尼爾使用的預售話術腳本。

**驗證是一種對話。它不是推銷，而是透過聊天來了解客戶，看看你是否可以幫助他們，以及他們是否真的願意付錢給你。**

出於這個原因，對於你的十大夢幻準客戶，我真心建議你將提問變成探索性對話，以便允許有更多學習的空間。

這些人真的了解你，也會樂意給你時間，所以善用這一點來提取他們對你產品最感興趣或不感興趣的地方，這樣你就可以進行調整。

使用「夢幻十大準客戶」驗證解決方案的過程可以分為三個部分框架：

1. 傾聽
2. 選項
3. 轉換

首先是「**傾聽**」。在傾聽步驟中，你的任務是讓客戶談論他們的問題。

以下三個問題將在這一過程中提供協助：

- 目前發生的事情中，最令人沮喪的是什麼？
- 擁有 X 會如何讓您的生活變得更好？
- 您認為 X 的成本應該是多少？

最後總結一下對方所說的話。例如，丹尼爾會說：「所以您想要一種更簡單的方法來學習如何使用電腦。」

| 專業提示 | 使用「什麼」或「如何」問句來鼓勵更開放的對話，而不是使用「為什麼」或「是／否」問題，這些問題可能會限制你能學到的東西。

真正傾聽並寫下他們的問題，這一點至關重要，因為你正在尋找他們所感受到的痛苦，以及他們付錢取得這項服務會有多大的價值。

痛苦越大，機會越大！

接下來的第二個是「**選項**」。現在你已經發現了問題，是時候提出可解決問題的選項，以及他們要付出多少代價了。以下是丹尼爾的一些例子：

「我將向您出售有關如何修理電腦的數位課程。」

「如果我來親自修好您的電腦，您看如何？」

你正在尋找「付錢付得很興奮」和「願意付錢」的客戶。如果準客戶只是翻白眼或是無精打采，都是興趣缺缺的指標。

接著則是第三步：「**轉換**」。你知道他們的問題，並且知道讓他們感到興奮的解決問題選項是什麼。現在該轉化成為銷售了。

　　「所以，您喜歡我過去解決您電腦問題這樣的想法。只需 50 美元，我今天就可以完成。這聽起來不錯吧？」

　　如果他們付錢給你，那就是驗證成功。如果你被拒絕了，等一下馬上就會教你如何處理。

　　通常，你可以將報價精簡為三個部分：**價格＋效益＋時間**。它們串在一起就形成了一個提議句型。

　　其他例子：

- 只需 25 美元，我就能在 20 分鐘內教您如何每天在 Mac 上節省 1 個小時。

- 只要 69 美元，我就能在 2 小時內教你如何寫得更好。

- 只需花費 10 美元，我將向您傳送一份包含 10 個思維技巧的 PDF 文件，這些技巧將在 10 分鐘內改變您的思維方式。

- 本週開始，我將向您的辦公室提供美味肉乾連續 6 個月，價格只要 180 美元。

　　| **專業提示** | 以比較的方式展示報價可以讓客戶更容易理解。「我們就像 X 的產品，但只要 Y 的費用。」例如，我們與您的競爭對手類似，但價格便

宜兩倍。研究表明，當某事物與其他事物形成對比時，會幫助人們有更好的理解。

### 要求付錢

人們所說和所做有很大的不同。每個人都會說「感興趣」，直到他們必須付費為止。

這就是為什麼不要在驗證市場時問「你有興趣嗎？」。我看過太多人都滿口說有興趣，但沒有付錢。

不行！你得馬上要錢並請對方立即付款。

友情提示：當你進行驗證時，要能接受「先銷售再製造產品」這件事。明確說明何時交付。只要你設定明確的預計時間，人們會願意提前付你錢。

這是我最喜歡的「要錢」方式：

「現在加入可以享有定價 Y 元的 X% 折扣（而且可以永遠享有這個價格優惠）。這個優惠只在今天有效。」

| 專業提示 | 請務必向第一批客戶傳送電子郵件尋求回饋，以此作為跟進。回饋是一份禮物，你可以不斷地使用它來改進自己和你的業務。

### 處理拒絕

當然，當你使用直接預售進行驗證時，成功並不總是那麼立竿見影——事實上，你會被拒絕很多次，而這是這種技術大放異彩的另一個例子。

因為，每一次的拒絕都是機會，你可以用它來深入研究客戶遇到的問題。記住第二章提到的：把拒絕視為目標來追求。拒絕之中自有寶藏。

當我在驗證過程中被拒絕時，我有一個簡單的四問題腳本，可以將客戶的拒絕轉變為新知識、新想法，甚至可能是新客戶。

人們所說和所做有很大的不同。
每個人都會説「感興趣」，
直到他們必須付費。

1.「**爲什麼不要呢？**」人們很容易害怕跟對方「直球對決」，因爲如果他們的批評是正確的怎麼辦？但這正是你會想要知道的事！

2.「**你認識的人中有誰會眞正喜歡這個呢？**」永遠永遠都要尋求推薦！具體說明推薦類型並使用數字（需要的推薦數），這樣會更加有效。

3.「**什麼會讓這變成你理所當然願意付錢的產品？**」如果他們不想要你的產品，也許他們會想要與之相關的東西。如果他們不想支付你的狗狗照顧應用程式費用，那麼遛狗呢？狗旅館？狗狗約會？

4.「**你願意爲它付出多少？**」新創公司最困難的事情之一就是定價。讓潛在客戶說出他們願意支付的價格，超有價值！

以下是一個我在驗證時將拒絕轉化爲銷售的簡短故事：

有家名爲 Mondo 的限量電影海報公司，聘請當地藝術家重新設計電影海報，並製作限量海報進行銷售。當新海報上市，Mondo 會發推文公布，通常在幾分鐘之內就會銷售一空。

所以我的想法是：當地餐廳的塔可餅（墨西哥玉米

餅）限量版海報！

這是個立即可獲得百萬美元的商業想法，對嗎？當我有這些想法時，我總是會開始考慮要購買哪種顏色的法拉利！

這很容易──Mondo 本來就已經在做類似的事了。另外，我知道藝術家和餐廳會向他們的粉絲群推銷塔可餅海報，幾分鐘內就可以賣光光。

你大概可以看到這是怎麼回事......

然後我聯絡了一些我認識、喜歡塔可餅的好朋友們，向他們推銷了一張 25 美元的塔可餅海報這個想法。我得到的答案像這樣......

- 「呃，所以你想讓我花 25 美元買一張……塔可餅的海報？我不要。」
- 「喔，諾亞，這個我不愛。」
- 「沒人像你一樣那麼愛塔可餅啦。」

這顯然讓我非常失望，竟然連我的好友們都不會購買限量版的塔可餅印刷品。每次我被拒絕時，都會追問以下四個問題：

1. 為什麼不買呢？

2. 你認識的人當中，會有誰真正喜歡這個嗎？

3. 什麼會讓這變成你理所當然願意付錢的產品？

4. 你願意為這個付出多少代價？


答案依序如下：

- 「因為我不想要一張塔可餅的海報。」

- 「沒有人。」

- 「嗯……我倒是喜歡你那件塔可餅襯衫。我對那個比較有興趣。那一件要多少？20 美元？30 美元？」


這件事情不斷出現：我的某件塔可餅襯衫總是讓我受到所有人的瘋狂關注。

驗證實驗的時間到了。我傳訊息給這些朋友，也打電話給其他朋友，問他們：「你記得我穿的那件塔可餅襯衫嗎？你會想買一件嗎？」

以下是我得到的回覆：

- 「我要我要！幫我弄一件來！」

- 「現在就給我！」

- 「給我看看塔可餅！」

　　接下來，我在 Facebook 發布了一張我穿著這件襯衫的照片，並標記了每件襯衫 25 美元的價格。

　　當我透過 PayPal 收到 15 張訂單時（沒有使用電子商務，也沒有網站，人們直接匯錢給我），我停止銷售並開始尋找製造商。

　　塔可餅襯衫就這樣誕生了。它是否成為一項引人注目的大生意？沒有。

**塔可餅時間！**

　　最重要的一點是：幾乎每個商業點子在第一次嘗試時都注定會失敗。 Instagram 最初是一款波本威士忌的應用程

式。Slack 最初是一款遊戲應用程式。繼續驗證你的各種點子，將拒絕轉化為改善的機會。客戶的回饋價值連城。

繼續與客戶交談並傾聽他們的意見，以便了解他們的需求。

> |**專業提示**| 主動溝通（電話和文字訊息）比被動溝通（例如在 Facebook 或推特上發布並等待回應）效果好得多。嘗試直接傳訊息給人們，或任何能讓你最快獲得回應的方式。

### 方法二：線上市集

驗證產品的另一個經典方法是使用線上市集，例如：Facebook 的 Marketplace、Craigslist、Reddit 或任何地區性網站。這些市集最棒的地方在於：這裡有大量想要花錢的人。這是驗證你腦中各種不同商業點子的可靠方法。

例如：我的好朋友納維爾想要驗證人們是否願意付費租用昂貴的相機。他在 Craigslist 上發布了出租訊息，在幾個小時內就有人支付 75 美元租用。

這個簡單的驗證不花他半毛錢，也只需要幾分鐘的時

間。這比建立網站、確定網域名稱、設計圖像標誌、試圖
尋找客戶等要好太多了。我也常在市集推出「虛擬產品」，
測試根本還不存在的產品。我找到一個與我想要驗證的
商品類似的東西，或者我簡單畫一個想銷售商品的粗略設
計，然後將它連同我想賣的價格一起發布到市集，測試看
看是否有受眾。

**奧斯汀CANON相機
(型號7D) 出租**

與專業人士用來拍攝照片
和影片的相機相同！

奧斯汀市中心附近取貨
包括50毫米鏡頭，可以立即開始拍攝！
請致電泰勒預約：555-555-5555

**納維爾在 Craigslist 上發布的廣告**

我喜歡打飛盤高爾夫，有一次我在 Reddit DIY 頻道上
發現了這個非常酷的飛盤。所以我拍了照片，然後把它發
布到 Facebook Marketplace 和推特上，並附上一句話：「嘿，

飛盤高爾夫或任天堂愛好者請注意：我要製作五個客製化
任天堂飛盤。如果你想要一個，請用 Paypal 支付 20 美元。」

諾亞・凱根 ✔ @noahkagan　發布日期：2012 年 12 月 5 日
**嘿，飛盤高爾夫或任天堂愛好者請注意：我要製作五個客製化
任天堂飛盤 i.imgur.com/Rhwblh.jpg〔〔有誰想要一個？〕〕**

💬 4　　　⟲　　　♡　　　⬆

諾亞・凱根 ✔
@noahkagan

回覆 @williamsbk

@williamsbk 當然！還剩下一個名額......請用 paypal 支付
$20 至 paypal@okdork.com（先付款先得）

回覆日期：2012 年 12 月 5 日晚上 11:23 推特網頁版

重點是：我並沒有試圖尋找製造商。我沒有做網站。
我沒有嘗試測試飛盤。我只想知道「有人真的會為這個東
西付錢給我嗎？」還真的有。結果我賣掉了 20 個，我找了
一家線上製造商來製造並寄送給客戶。

另一個好技巧是在有受眾的社群媒體上發文。

我的助理潔米希望發展副業，所以我問她是否曾經培
訓過其他人成為助理，因為（1）她已經掌握了這項技能並
且非常擅長，（2）很多其他人想要像她這樣的工作。

於是她當時立即在 Facebook 上發布了一則貼文：「嘿，

我是一名助理。我靠這個賺了很多錢。我想幫忙。如果你好奇我是怎麼做的，我很樂意幫助幾個人。如有興趣請留言或傳訊息給我。」

真實、直接、開放且平易近人。不久就開始有人回應，她很快就收到 100 美元，開始讓這些人跟著見習她的工作。你也可以用同樣的方法做到！

### 方法三：登陸頁面

一種非常流行的方法是使用低價或免費的服務，設定一個簡單的登陸頁面[9]。目前，Instapage、Unbounce 以及 ClickFunnels 是比較流行的幾個工具。請瀏覽 MillionDollarWeekend.com，可以找到最新的登陸頁面工具。

然後他們投放一堆廣告將人們引導到該網站，看看人們是否真的會輸入電子郵件地址加入郵件清單，甚至預購產品。

我不喜歡這種方法的原因是：你必須花時間設定它，

9 Landing Page，或稱為著陸頁面、到達頁面，在專業術語中是指網路用戶透過搜索引擎的搜索結果或在網站上點擊廣告後進入的網頁。在郵件行銷中，登陸頁面是一個獨立網頁，讓訪客到達你網站的任一頁面。

而且還要買廣告。當你購買廣告時，你必須成為廣告專家。整個經驗會是緩慢而昂貴的。這兩件事我都討厭。

我給你的建議是，如果你覺得必須這樣做，請將工作時間限制在 48 小時以內，這樣就不會花費大量時間，毫無結果地應付各種廣告和登陸頁面問題，或是浪費金錢。

至於要如何正確運用登陸頁面工具，以下我以我的前實習生賈斯汀・馬雷斯（Justin Mares）為例，說明他在驗證牛骨湯公司 Kettle & Fire（後來大獲成功）的過程中所做的事。

首先，他以 12 美元的價格購買 bonebroths.com 域名，並使用 Unbounce 設定了一個基本的登陸頁面。

賈斯汀在 Fiverr 上支付了大約 5 美元來設計一個簡單的圖像標誌。

設定頁面並撰寫文案後，他進一步決定價格。他認為如果 16 盎司定價 29.99 美元，就能獲利。如果人們願意花將近 30 美元向陌生人買一品脫從未嚐過、甚至從沒見過的產品，那麼它可能注定會成功。

在該網站上，點擊「立即訂購」之後會被引導到 PayPal 結帳處，在那裡會被要求付款至賈斯汀的電子郵件購買牛骨髓湯。

　　這個網頁醜到能讓網頁設計師嚇出一身冷汗。但在賈斯汀購買了大約 50 美元的 Bing 廣告後，人們開始實際訪問網站，並透過 PayPal 向他付款！

## 100% 草飼牛骨湯

省掉自己製作的麻煩，輕鬆獲得牛骨湯的多種健康益處！我們的牛骨湯是用草飼、牧場飼養的牛骨頭以及各式有機蔬菜製成的。

立即訂購牛骨湯

Over 1000 orders placed this month alone!

**治癒腸漏**
牛骨湯中的膠質可以保護和治癒消化道內壁，促進消化道健康

**不可思議地方便**
我們的牛骨湯是新鮮、未經冷凍的，因此您可以輕鬆獲得牛骨湯的所有營養，不需要處理冷凍牛骨湯！

**純正牛骨湯**
我們的牛骨湯經過24小時熬煮，只加入有機原料與膠質，所以你會知道它有多純正！

　　在為期兩週的測試過程中，他獲得了近 500 美元的收入。現在 Kettle & Fire 已是一家透過銷售牛骨湯創造 1 億美元營收的公司了！

　　**驗證通過！**

　　此處的關鍵是：如果你要用這個方法，不要過度考慮設計、名稱、語言、廣告或任何其他內容。只要專注於測試是否能讓人購買你的產品！

# 挑戰

## 驗證事業點子

此處的挑戰是在 48 小時內獲得至少三位付費客戶。

　　拿起你之前擬出的十大夢幻準客戶名單。傳文字訊息、私訊、電子郵件或打電話給他們，越即時越好！

　　以下是你可以直接複製使用的話術腳本範例：

　　你：嘿，我記得你很喜歡牛肉乾。

　　潛在買家：對啊，一直都在吃。

　　你：太棒了！我正在研究一個健康牛肉乾的新專案。我想你會喜歡它的。成為我的第一個客戶，每月只要 20 美元。

　　潛在買家：我不確定耶，什麼樣的肉乾？

　　你：健康，由我採購的，如果你不喜歡，我很樂意退款。

　　潛在買家：聽起來不錯。我可以稍後再付款嗎？

你：何不現在就透過 Venmo、PayPal 或匯現金給我，這樣可以確保你的名額。我第一批只接十張訂單喔。

潛在買家：錢已匯出。

在你驗證市場之後，如果沒有人購買，請選擇另一個想法並重新開始。回到第三章，從頭再來一遍！如果你已經跟至少三位客戶驗證了你的商業點子，那就太好了！你做到了，我的朋友！你已經有自己的事業了！讚！現在，我們來談談如何發展更多業務。

**免費加碼精彩內容：**請瀏覽 MillionDollarWeekend. com 網站，查閱強化產品提議的六種方法。

第三部

# 成長

**睡覺時讓錢繼續流進來**

你做到了。我以你為榮!

接下來,我們要開始打造成長機器,將你的第一批客戶轉變為粉絲社群,藉此驅動業務取得成功。我將向你展示我在每項事業中使用的實際行銷策略。在接下來的章節中,你將學到:

- **用社群媒體來成長**。如何在30天內打造出100個鐵粉的核心圈子(在此公開向激發此靈感的凱文·

凱利致意），選擇適合你的平台，並透過你的不公平優勢來讓它不斷成長。

- **用電子郵件來獲利。**如何引導這些受眾進入你的「提款機」（亦即你的電子郵件清單），讓你可以將他們從受眾轉變為客戶。

- **成長機器。**如何建立你的行銷實驗，並在有效的部分加倍投注，放大效果。

- **善用每年 52 次的機會**，將夢想生活轉化為日常行動。

## 第六章

# 用社群媒體來成長

### 建立一個終身支持你的受眾群

　　我父親過世後，我開始夢見博・傑克森（Bo Jackson）。他是歷史上唯一同時入選國家美式足球聯盟（NFL）以及美國職棒大聯盟明星賽（MLB all-star）的運動員，也是九零年代早期全球最受歡迎的運動員之一。

　　我記得我父親對博有多崇拜。博從一無所有開始一切，這個原本害羞、結巴的阿拉巴馬人，獲得了所有想像得到的名聲和財富，而我父親將博的成功視為美國夢的證明。還有，他們兩人的名字都叫做博。

　　也許是出於表達敬意的願望，也許只是為了再次與他親近，但當我父親幾年前去世時，我知道一件事：我必須見到博。問題是，他已經從鎂光燈下消失了。

他沒有在好萊塢工作，也沒有雇用經紀人來維持名氣、持續活躍。他在芝加哥過著平靜的生活。當我試圖聯絡博時，得知他在 2012 年創辦了 Bo Bikes Bama，這是一項年度慈善自行車騎行活動，目的在為阿拉巴馬州的緊急救災籌集資金。

就在那時，我決定我所能做最好的事就是提供我的幫助。這是一個具有偉大動機的事業，如果我幫助他，也許他會和我見面並參與我的 Podcast 節目。因此，我轉向我的受眾，這是我透過多年的免費 YouTube 影片、每週電子報以及各種問答往返而建立的受眾。我問他們，而他們的反應讓我感到震驚。

我寫給受眾的訊息是這樣的：

---

在我成長的過程中，我父親最喜歡的運動員是博‧傑克森。現在，博需要我們的幫助。

我父親已不在世，無法提供協助，但我們可以！

每年，博都會騎自行車為阿拉巴馬州的緊急救災募款。今年，**我的目標是籌集 25,000 美元來幫助兒童和阿拉巴馬州**。

請使用以下的表格來捐款贊助博的公益自行車活動。

籌款活動於 3 月 31 日截止。**我將進行等比例的捐贈，最高到 5,000 美元。**

**禮物等級：**

✓ 朋友級：10 美元——信。我個人將親自寄一封來自阿拉巴馬州的感謝信給您。

✓ 死黨級：50 美元——特製撲克牌。我會寄給您一副特製撲克牌，每張牌都是由我最喜歡的藝術家設計的。

✓ 跟班級：100 美元——牌＋衣服。特製撲克牌和塔可餅 T 恤一件。

✓「新」兄弟姊妹級：500 美元——電話。以上所有禮物以及諾亞的 1 小時諮詢通話。

✓ 死黨圈級：1,000 美元——以上所有禮物以及奧斯汀自行車遊。跟我一起在奧斯汀騎自行車晃晃。外加 Minaal 背包，以及來自 Rhone 以及 Huckberry 的衣服。

✓ 終身好友級：10,000 美元——墨西哥城。讓我們在墨西哥城的米其林星級餐廳吃份墨西哥塔可餅，談談生意吧。所有費用均已內含。

　　三天之內，我們從受眾群募集了 3 萬美元的小額捐款，在沒有爆紅的情況下就做到了。兩天後，博親自打電話給我表示感謝，不久之後他就出現在我的 Podcast 節目中。

　　「你是諾亞啊，當然能籌到這麼瘋狂的金額，你的受眾那麼多！」我聽到你在心裡這麼說，我親愛的讀者。但值得一提的是：當我列出參與這次公益騎行活動捐款的名單時，我幾乎認得每個名字！我和這些人有過互動，我給了他們發展事業的建議，有時候只是回覆對方：「你做得很好，繼續努力。」

　　這些人不只是追隨者或匿名觀眾。他們就是行銷大師賽斯·高汀（Seth Godin）所說的「最小可行受眾」（smallest viable audience），或者是《連線》雜誌聯合創始人凱文·凱利（Kevin Kelly）所說的「1,000 個鐵粉」（1,000 true fans）──這些都是透過與那些「特定挑戰和興趣與我的特定技能和熱情相重疊」的人建立連結而累積的。

　　由 100 個了解、喜歡並信任你、認真關注你的高價值粉絲所組成的社群，由此產生的終身價值（更不用說那份終身的快樂），將使你從擁有 10,000 個低價值粉絲中獲得的任何短期滿足感相形見絀。無論你是銷售山地自行

車裝備、烹飪課程還是搜尋引擎優化（SEO）服務都沒差別——在數十億網際網路使用者當中，有數百、甚至數千人不但會為你現在銷售的產品付費，也會在未來幾年持續追蹤並支持你的每一個創業舉措。

　　一個了解你、追隨你、支持你的社群是商業中最強大的力量之一，而這是透過「慷慨」創造出來的。不帶期望地增加價值。幫助他們完成旅程，而不要求立即回饋。有時，只需要簡單的讚美來幫助他們提高自尊。

　　我花了 20 年的時間透過 OkDork 和 AppSumo 向人們提供免費內容。所以當我最後說：「嘿，我正在為慈善事業籌集資金。你們想捐款嗎？」對我來說，問這個問題很容易，而且對我的社群來說，說「是」也是理所當然的。建立真正的受眾需要時間。

　　早在 2000 年，我就創建了 OkDork.com，為高中和大學的朋友記錄我的旅程。早年，貼文主題五花八門——行銷、我的青蛙玩偶西摩的照片、大學裡發生的事情。隨著我個人部落格的演進，內容逐漸鎖定在與我個人興趣或讀者詢問的行銷和創業相關想法。

　　幫助我成功的人際網絡是透過把我自己公開呈現而建立的，也就是把我打造事業（無論成敗）的過程透明公諸

於世。例如，賽斯‧高汀回覆了我的一篇部落格文章，讓我有機會見到他本人（他可是我在行銷領域的偶像呢）。我也因為公開打造事業而得到 Mint 的工作機會。

友情提示：以下會提及許多大咖喔。因為我不斷公開展示各種想法與過程，我還因此結識了提姆‧費里斯（Tim Ferriss）、安德魯‧陳（Andrew Chen）、邁克‧波斯納（Mike Posner）、博‧傑克森（Bo Jackson）、詹姆斯‧克利爾（James Clear）、萊恩‧霍利得（Ryan Holiday）、Firefox 聯合創始人布萊克‧羅斯（Blake Ross）、暢銷書作家拉米特‧塞提（Ramit Sethi），甚至是我的共同作者塔爾‧拉茲（Tahl Raz）。遇見這些人是生命中最美好的事情之一。

事實上，我從來沒有刻意「打造個人品牌」。我始終只是我自己。我喜歡分享。我是誠實和透明的。人們對性格著迷，喜歡與真實的人做生意，尤其是那些感覺像朋友的人。

以丹尼王（Danny Wang）設計公司為例，這家地區性的草坪養護公司每週都會發布一段 45 秒的養護前／後對照影片，透過歡快的音樂呈現他們美化客戶庭院的過程（並將貼文的目標受眾定位在服務區域內的屋主）。他們現在在 TikTok 上擁有 230 萬追蹤者，並持續得到 15 萬次瀏覽

數，在他們的後院 **# 大變身**（#transformations）系列中得到更多瀏覽數。而在這些影片中都不會看到丹尼本人。

## ⚑ 找到你的獨特角度

那麼，你要如何找到自己獨特的角度，開始建立社群呢？

當人們來找我，問我如何才能讓自己的電子報、部落格文章或推文在眾多人當中脫穎而出時，我們的對話幾乎總是聚焦在讓他們理解：「你的獨門祕方就是讓你發光的不公平優勢」。

以班‧凱永（Ben Kenyon）為例。班是 NBA 籃球隊費城 76 人隊的體能總教練，也是好日子特戰隊（Great Day Squad）的執行長和創辦人。他是一個很棒的人。超級強壯，有趣，還有超驚人的鬍子。

我有幸為 OkDork 行銷資訊網採訪他，因為他想聽聽我對於開展電子報的建議。他認為他的問題在於「不知道」如何進行這個過程，但其實關鍵在於：弄清楚如何以「吸引他人成為朋友和客戶」的方式來擁抱和放大你的獨特性。

**看看那鬍子！**

我問了他一個問題：**「請在 30 秒以內說明你的獨特角度是什麼？」**換句話說就是：為什麼人們願意閱讀他的電子報？

我知道這聽起來很刺耳，然而，這是你讓自己面對大眾之前必須回答的第一個問題。

班在被迫定義自己的獨特角度時停頓了一下。他的臉部扭曲，緊張地笑了笑，然後聳了聳肩。這太難了！

最後，他開口了，語調緩慢，但充滿信心。

聽聽班如何定義他的角度，也就是他的「獨門祕方」：

「在過去的 14 年裡，我一直是一名績效教練，與世界上最優秀的運動員一起工作。幫助人們表現得更好是我的

習慣。我想幫助任何想要擁有好日子的人，協助他們做出心態轉變，養成主導自己生活的心態。談到『追求最好』這件事，我有很多可以分享。」

班的這段話太動人了，其中有著發自內心的誠摯和真實性，而且非常清晰。

讓我們拆解一下他在這四句話中做到哪些事：

1. 他定義了自己是誰。

2. 為什麼你應該信任他。

3. 他對什麼有熱情。

以及：

4. 這讓他已經準備好可以為你帶來什麼獨特的事。

這段話清晰、平易近人、直接而簡短。前三句話定義了讓他與眾不同之處（14年來幫助世界上最好的運動員表現得更好！），而第四句話（他如何解決客戶的問題，教導自我主導生活所需具備的心態）說明了他未來會慷慨地投入什麼樣的愛與關注來培育社群。

花一點時間，如同班所做的那樣，在你的筆記本中寫下一段描述個人「獨門祕方」的內容。

## 挑　戰

### 寫出你的獨特角度

此處沒有正確的答案。你可以隨時變更這些內容。

1. 你是誰？

_____

2. 人們為什麼要聽你說？

_____

3. 你對什麼充滿熱情？

_____

4. 你會為他人做些什麼？

_____

## 選擇一個平台

有了獨特角度，你需要吸引受眾；而要能免費實現這一目標的最佳方式就是透過社群媒體。

你可以選擇任何免費平台：

- 攝影師喜歡透過 Instagram 來向世界展示他們最新的酷炫作品。
- 顧問喜歡站在 LinkedIn 平台上發聲。
- 記者、行銷人員和其他人喜歡推特的短文字規則。
- 設計師可以在 Dribble 上展示他們的作品。
- 作家可以透過 WordPress.com 免費建立部落格。

以上只是目前的狀況。平台會持續變化，但不會改變的是你如何選擇。你需要知道三件事以便做出選擇：

1. 哪個地方有你想要連結的受眾？
2. 你喜歡透過哪個媒介創作內容？
3. 與投入程度相比，在哪裡工作會得到哪些最大比例的結果？

這樣一來，你可以了解這個過程對一個真實的人是如何運作的，我以自己的例子來拆解分析如何選擇平台。首先，我排除了那些對我無法發揮作用的媒體。

- Instagram：我沒有拍很多照片。IG 拜拜。但是，如果你是像凱爾西．哈欽斯（Kelsey Hutchins）這樣的室內設計師，人們會在哪裡尋找你的作品照片呢？答案是 Instagram，毫無疑問。這就是她獲得大

部分生意的方式。

- Podcast：我已經嘗試多年，坦白說，觀眾的參與
  度很高，但為了增加聽眾所需投入的努力相對過
  於龐大。無論我做什麼，都無法讓它持續成長。
  收聽 Podcast 的人數有限，目前發現新的 Podcast
  幾乎是不可能的。然而，喬丹·哈賓格（Jordan
  Harbinger）將他對採訪和 Podcast 的熱愛變成了七
  位數生意：喬丹哈賓格秀（The Jordan Harbinger
  Show）。

- LinkedIn：這裡有大量的商業人士受眾，但雜訊也
  讓人難以置信，而且在這上面進行病毒式傳播非
  常困難。但賈斯汀·威爾斯（Justin Welsh）透過
  LinkedIn 銷售一門課程，在前兩年的收入達 130 萬
  美元。

- 部落格：我喜歡在 OkDork 上寫部落格，現在仍然
  持續進行，但對我來說，Google 搜尋量整體下降
  了。發文不再能帶來像過去創造那麼多的病毒式
  分享，因為更多的受眾直接把時間花在社群媒體
  上。不過，前《滾石》雜誌編輯馬特·泰比（Matt
  Taibbi）每月在 Substack 有 130 萬訪客、每年收入

超過 50 萬美元，因此部落格仍然是有效的。

• 推特：我喜歡推特，但這裡的受眾並沒有成長——
每月用戶數多年來一直持平。病毒式傳播在這裡很
有效，但要讓人們離開推特到你的平台購買卻很困
難。不過，The Sweaty Startup 的尼克・赫柏（Nick
Huber）透過推特將倉儲業務變成更大的事業，他的
方法是透過在推特上發布有關如何經營公司的挑釁
性評論。

• TikTok：這裡沒有要冒犯 TikTok 的意思，但是，
根 據 我 的 經 驗：100 萬 個 TikTok 粉 絲 和 10 萬
個 YouTube 粉絲？不能相提並論。我每次都會選
擇 YouTube。事實上，根據一項衡量標準，一個
YouTube 訂閱者相當於 25 個 TikTok 粉絲！話又
說回來……如果你的受眾都在 25 歲以下，並且在
TikTok 上獲取所有新聞、舞蹈動作和購買建議，那
麼你就必須去受眾所在之處。我已經開始嘗試使用
TikTok，並獲得了超過 15 萬追蹤者對我 YouTube
內容留言回應，但多次嘗試後並未對業務產生直接
影響。

這些平台不適合我，並不代表它們就不適合你。更重

要的部分是，從其中一個開始實驗。

對我來說就是：YouTube！

對的，就是它！YouTube是網路上最大的串流影片網站。它擁有1.22億每日活躍用戶，每天觀看時數累計達10億小時。另外，YouTube透過廣告為你的影片貨幣化，並免費託管它們（這是我最喜歡的價格）。

YouTube是我所見過的免費擴大受眾群體（而且是優質受眾群體）的最佳方式。

YouTube面臨的挑戰是製作影片比寫推文更難，這讓大多數人望而卻步。然而，我認為這是一個優勢，因為如果你願意這樣做，就是跨入一個競爭比較少的領域。

或者，也許你討厭出現在鏡頭前。但這也不是藉口。很多頻道都像SunnyV2那樣規模龐大（他的名人紀錄片有200萬以上訂閱者），但我們從未見過他的臉。

你也不需要昂貴的工作室或好萊塢等級的裝備。我在自家客廳裡赤裸上身談論行銷、用iPhone 12拍攝，就這樣開展了75萬以上訂閱者的頻道。不需要什麼炫設備才能開始。

別找藉口了。就去做吧。

**關鍵原則是現在立即開始去建立你的受眾，然後將他**

們放進你的電子郵件清單（我們將在下一章中介紹）。

網路讓任何人都有機會擁有
跟大眾媒體品牌同等的廣播權利。
建立自己的受眾，
不需要任何許可。

## 挑　戰

### 更新你的履歷

　　選擇你的一個平台，使用之前寫下的獨特角度，整理並
重寫你在該平台上的個人資料／簡歷，以便更清楚地呈現你是
誰，以及你會如何幫助目標客戶。

_____

_____

_____

　　以下是我的簡介：@AppSumo 領頭者。Facebook 第
30 號員工。在 Okdork.com 提供幫助的創業家。

## ▐◀ 為你的核心圈創造內容

　　就在你閱讀這句話的時間內，我的部落格（okdork.
com）、推特（@noahkagan）和 YouTube（youtube.com/
okdork）上的內容將免費多觸及到 5,000 人。這對你來說也

是瘋狂、驚奇而可行的。好的貼文或影片可以在你睡覺時繼續發揮作用，無需任何額外費用。

網際網路讓任何人都有機會擁有跟大眾媒體品牌同等的廣播權利。**建立自己的受眾，不需要任何許可。**

以阿里‧阿布達爾（Ali Abdaal）為例。2017 年時，他還是劍橋大學醫學院的學生，他想嘗試 YouTube。

他的影片包括 BMAT 學習和記憶技巧等內容。這指的是英國醫學院的入學考試，即生物醫學入學考試（BioMedical Admissions Test）。

他製作了有關如何參加考試第一部分的影片，然後介紹如何參加第二部分考試。後來他展示如何準備醫學院的面試。他的聽眾不斷增長，因為有一群非常特定的人迫切需要阿里在他們面臨的特定問題上所提供的專業知識。

如今，阿里已成為網路紅人，擁有超過 440 萬個 YouTube 訂閱者，每月收入超過 40 萬美元。

阿里是我在 YouTube 上最尊敬的人之一，他也是「收集受眾」之旅的出色嚮導，所以讓我們打開他的劇本，從中學習及複製！

阿里使用的是我所說的**內容圈架構**（Content Circle Framework）。這個架構的基本想法是從一個小圈子的特定

主題開始來建立狂熱粉絲，然後再慢慢擴大內容圈，以影響更多人群。

以下是三個步驟：

1. 核心圈：從非常狹窄的受眾開始。阿里從英國人的醫學院考試開始。你的利基市場可以是你能想像到的最不起眼的東西，只要它能讓你和你的觀眾充滿熱情。

2. 中圈圈：隨著規模擴大，你的內容應跟核心圈所關心的其他內容重疊，但它應該吸引更廣泛的受眾。阿里開始談論一般的學習和生產力，因為這是所有學生都需要的。

3. 大圈圈：在這裡，你可以吸引盡可能多的相關受眾。阿里的影片中，觀看次數最多的一些是關於他的薪水（因為前述的醫療求學影片名氣而致）或是最新的蘋果產品（他用這些產品來提高生產力）。所有的圈子都仍應包含你的核心受眾，但請持續不斷擴大你的影響圈。

以下是遵循**內容圈架構**的其他範例：

達斯汀水族箱（Dustin's Fish Tanks）的達斯汀・溫德

利（Dustin Wunderlich）首先對「水族箱」進行實際檢視。你知道嗎？此處還真有一群受眾！隨著時間的推移，他的業務範圍擴展到了魚類所有相關領域，例如購買哪種魚可以去除水族箱中的藻類、頂級水族箱植物有哪些。現在他擁有 15 萬訂閱者，以及價值數百萬美元的魚類和水族箱周邊商品之電商事業。

還有奧斯汀的凱爾・拉索塔（Kyle Lasota），是非常酷的 YouTube 頻道 kylegotcamera 的創作者。凱爾熱衷於生物駭客——他研究了冷水浴、紅光療法、桑拿、睡眠小工具、補充品等等。雖然他的觀眾不多（YouTube 上有 16,000 名訂閱者），但他以自己的核心建立了一個緊密連結的社群，儘管許多影片只有 400 次觀看，但他每年從聯盟銷售中獲得了 100 萬美元的收入。他了解他的核心圈子，而他們也愛他！

或者舉一個線下的例子：安迪・施奈德（Andy Schneider），又名「雞語者」，他喜歡在亞特蘭大郊外的後院養雞。人們不斷向他詢問有關飼養家禽的資訊和訣竅，因此他開始定期召開有關飼養後院家禽的會議（就像現實生活中的 YouTube！）5 年後，施奈德有了一個廣播節目、一本雜誌和一本書，現在他在美國各地旅行主持研討會，

數十萬美元的營收隨之而來。但這一切都開始於服務利基市場中的利基市場——想要在後院養雞的農民。

首先，確定特定人群（你的核心圈）想要的價值，並成為他們可靠的資訊來源。你可以使用以下公式：**你將提供的結果＋目標市場。**

以下是一家清潔公司的內容圈範例：

- 核心圈：如何清潔蒸發冷卻器＋美國西南部
- 中圈圈：如何選擇洗衣液＋新屋主
- 大圈圈：十款最佳吸塵器 ＋ 適合家庭使用

一旦思考出你的結果和市場，接著就需要在自己的利基市場中找到獨特觀點。

為了提出獨特的觀點，請問問自己幾個問題：

- 什麼事情每個人都認為是正確的，但你卻認為是錯的？
- 什麼事情是在你的目標市場中無人談論，但應該被談論的？
- 在你的市場中，人們犯下的最大錯誤（卻完全沒有被注意到）是什麼？

　　最終，你的受眾希望從你那裡學到某些跟自己切身相關、有用的和令人驚訝的東西。他們希望透過與你來趟旅程來做到這一點。

---

## 挑　戰

### 創建你自己的內容圈

　　回想一下你的驗證日：你想要吸引的客戶是哪些人，而你為他們創建內容的結果是什麼？他們會樂於從你內容中聽到的獨特觀點是什麼？

**公式＝你將提供的成果＋目標市場**

核心圈：＿＿＿＿＿＿＿＿＿＿＿＿

中圈圈：＿＿＿＿＿＿＿＿＿＿＿＿

大圈圈：＿＿＿＿＿＿＿＿＿＿＿＿

---

 **成為嚮導，而非大師**

　　如果要說我從製作數千支 YouTube 影片中學到什麼的

話，那就是：人們不想聽無所不知的大師說教，他們想跟隨嚮導。這就是為什麼我發布的許多影片，都是在呈現各種操作流程的具體細節。

以這個過程來說，阿里絕對是天才。他的影片幾乎總是以「我如何......」而不是「如何......」為標題，引導觀眾了解他如何學習醫學院入學考試，或在 iPad Pro 上做筆記，或者他是如何學會快速打字。

這裡的目標是記錄「你」所做的事情，而不是你認為其他人應該做的事情。當你將自己定位為一個正在旅途中的人，並記錄一路的過程和進步時，就會變得容易產生共鳴，而這正是觀眾所渴望的。我的一些最受歡迎影片經常是以某種「失敗」為主題。令人著迷的是，人們想要看到事實上到底會發生什麼，而不是我們認為他們想要的精彩片段。

如果你認為自己沒有任何值得記錄的內容，那你可能錯了。無論是從事辦公室工作或某些獨特的愛好，在過程中都有一些值得他人學習的地方。

關於這一點，可以舉麥特的 YouTube 頻道 Off-Road Recovery 為例，這個擁有 140 萬訂閱數的頻道，以一種有趣而具有啟發性的方式呈現麥特的日常工作：使用拖車來

幫助陷入困境的人。

「成為受眾的嚮導」這件事最酷的地方就是：這讓受眾們想要與你互動。

這就是為什麼我經常與受眾共同創作，我使用的方式是進行相當於校園挑戰的商業活動。就像我在「月收 1,000 美元」課程上大膽要求學員提出一個商業點子讓我來驗證，這個點子後來成了 Sumo 肉乾事業。我要求受眾挑戰我做一些困難的事，然後我就真的去把它做出來。

讓受眾參與其中，可以幫助他們感覺自己是節目中不可或缺的一部分，這增加了他們與你影片互動的機會，從而提高你內容的排名，並吸引更多訂閱者。

Legal Eagle 的戴文・史東（Devin Stone）在「讓受眾參與」的這方面堪稱天才──他在推動幫助人們「像律師一樣思考」的過程中，鼓勵受眾以反對的形式留言，然後他會在留言區留下支持或否決這些意見的評論。

## 挑　戰

### 發布一篇內容

現在，該是公開發布內容的時候了。

這段內容可以採用任何格式。你知道我喜歡 YouTube，但如你所見，不同的利基市場各有更適合運作的平台。你創建的內容可以是 YouTube 影片、推文或是部落格文章。你已經在本章完成了第一步。

1. **你的獨特角度**——別人沒有的祕密武器

2. 你打算要發布的**平台**

3. **你的內容圈**——你將精準鎖定的狹窄受眾

4. **今天**就發布出去！

最後一步顯然是最難的一步。不用擔心腳本、攝影設備，甚至是會不會獲得任何觀看數。重要的是踏出建立社群的第一步。

接下來，我將向你展示如何透過電子郵件清單將社群轉變為客戶。

第七章

# 用電子郵件來獲利

使用電子郵件賺大錢

AppSumo 的第一個 1 萬美元日收入，始於一封有關「興奮」的電子郵件。

我當時剛開始建立 AppSumo，全部的業務就是向訂閱者傳送電子郵件，提供超值優惠。

當時的電子郵件是由我和一個名叫尼可拉（Nikola）的 17 歲保加利亞小伙子寫的，他的英語說得不太好（無意冒犯啊，尼可拉），我們每封電子郵件的收入大約是 100 美元。截至當時，我們最賺錢的電子郵件已賺了 1,000 美元。我就處於你現在所在的地方——剛剛開始之處。

然後我的朋友納維爾‧梅赫拉（Neville Medhora）開始纏著我讓他寫一封我們的電子郵件。

　　納維爾是一名文案撰稿人，他確信 AppSumo 的電子郵件之所以被忽視，是因為它們總是在「賣賣賣」。創業者如果能說個有吸引力的故事，會創造更多收入。他這麼說。

　　但我對故事的魔力抱持懷疑態度。我的電子郵件沒問題，我瞄準了正確的對象，AppSumo 一定會逐漸成長的。

　　不過，我想給他一個機會也不會有什麼損失，所以我讓納維爾幫我們為下一個產品（一個名為 Kernest 的應用程式）的發布郵件擬個草稿。這個應用程式可以幫助處理字體，這是一個我一無所知的主題。

　　正常情況下，尼可拉會直接寫道：「這個產品有優惠，您可以節省 1,000 美元喔！」加上一個購買按鈕，這就是我典型的電子郵件。內容主要就是「買吧！」，就這樣。

　　一個小時後，納維爾傳送了一封電子郵件的初稿，他寫的內容徹底改變了我對創業者如何與客戶互動的看法。

　　我永遠不會忘記那封郵件開頭的第一句話：「如果我在你耳邊低聲說出『Garamond』會讓你『性』致勃勃……你可能會對這個感興趣。」

　　我不知道 Garamond 是什麼，但從那句話開始，這封電子郵件變得越來越有趣和迷人。它向人們展示了我在字體方面經歷了一場滑稽的掙扎，並教會了他們可以如何透

過 Kernest 來克服這一切。

　　納維爾說了一個很長的故事，講述了史蒂夫‧賈伯斯如何對字體著迷，特別是他如何喜歡 Helvetica 字體，對它極其熱愛。這是一個傻呼呼的故事，但它讓我開始相信說故事對讀者具有威力。

　　這時提供的優惠並沒有比我以前在電子郵件中提供的好多少，最大的差別在於文案。這封郵件中有個真實的人，他在掙扎、在講笑話、在大笑，也在教導某些事。

　　結果……

　　我的電子郵件名單受眾喜歡這個新的我。

　　我們在 24 小時內賺取了 9,563 美元的利潤！透過將個性融入電子郵件中，我們賺的錢幾乎是之前的 100 倍！

　　以下是我們最後寄出去的電子郵件（我們必須刪掉「『性』致勃勃」這個詞，公司郵件伺服器會過濾掉帶有情色暗示字眼的郵件）：

---

主題：史蒂夫‧賈伯斯最初對字體非常著迷

收件人：<testy3@okdork.com>

寄件人：AppSumo <noah@appsumo.com>

**我會為你節省很多時間！**

如果「Lucida Sans Unicode」或「Courier New」這些詞對您來說沒有任何意義，那麼請立刻關掉這封訊息。

我的朋友，今天我們只想跟社群裡所謂的字體狂熱分子聊聊。

你知道我在說的是誰！

如果當我低聲說「GARAMOND」時，你的膝蓋會發軟。

……你可能是這狂熱分子的其中一員。

您可以稱自己為正常社會中的設計師或開發人員，但在私底下，我們知道 Verdana 曲線的優雅讓您興奮……而這正是我們今天在此的原因。

正如史蒂夫・賈伯斯如此描述了他對精美字體的痴迷：

「我學到 Serif 和 Sans Serif 字體。學到不同字母組合時的間距大小。如何使出色的字體變得更加絕妙。它是美麗的，具有歷史意義的，如藝術般微妙，這是科學無法捕捉的......我深深為它著迷。」——史蒂夫・賈伯斯

如果您跟賈伯斯一樣，對字體的渴望每個月都越來越強，那麼解決方案就擺在您面前：

Kernest。

你看到了嗎？我說：**KERNEST**。

要挑選出哪些字體可以完美呈現搭配，需要沉迷字體的雙眼，每個月向您提供新的字體組合......並帶有 HTML 和 CSS 突出顯示。

也許你和我一樣：

你可以很容易地判斷某個東西「看起來真的很好」……但有時你不知道為什麼。

這是我遇到的問題。我可以看出一個網頁「看起來很簡潔」，但不知道為什麼我那拼拼湊湊的網站看來沒那麼精美。通常答案是字體。當我用 Tahoma 36 搭配 Arial 12 時，不知為何就是無法發揮作用……更別提配色了……

Kernest 再次出手相救。

當您獲得新字體時，您可以慶幸再也不必跟它們打交道......它們已準備好可直接使用，將字體結合在一起的艱苦過程已由全能的 Kernest 處理完畢。

生活中的多數事物都不是免費的，別指望 Kernest 不用錢。

Kernest 每月費用是 15 美元，每月提供最令人著迷的精選字體組合。我親愛的 Sumo 小夥伴們，這代表的是：180

美元／年。

　　讓客戶在看到您令人驚嘆的作品時膝蓋顫抖，這個費用相當合理。

　　但原價會讓 AppSumo 生氣（並且飢餓）。

　　我們（透過恐嚇和武力）說服 Kernest 以低於上述年費的價格提供終身會員資格。

　　這意味著沒有月費，沒有年費，沒有贍養費，終身不必再付錢。只有每個月的神奇字體組合，讓醜陋的專案在美麗的字體中重生。

　　正如您從過去的 AppSumo 促銷活動中知道的那樣，我們總是會收到較晚加入的夥伴們抱怨，並懇求讓他們在優惠結束後購買。

　　AppSumo 上的倒數計時器沒有在唬人的。

　　如果您是設計師，請立即採取行動，從毫無生氣的設計中脫穎而出，保持領先地位。點擊下方獲得 Kernest 的終身會員資格：

**KERNEST**

　　又：我們也說服（又稱為威脅）Kernest 贈送前 4 個月的字體組合給每位終身會員。完成購買之後就可以立即獲

得。

只剩下 48 小時了。


你的朋友，

@NoahKagan

---

就是這樣一個糟糕的笑話和暴增百倍的收入，讓我重新思考該如何與電子郵件名單準客戶們進行溝通。這封電子郵件很有趣。裡面不只是單純的實用性而已。當銷售者本身樂在其中時，銷售額就會呈現上升的現象。

在我推出 AppSumo 前的 15 年裡，我已經學會如何透過推廣有趣的人、展示我的熱情、與追隨者互動，總之就是樂在呈現自己，在 OkDork 上培養相當多的受眾。

然而，在這個過程中，我開始相信，為了吸引受眾，容易興奮的「怪咖我」和做生意的「商業我」必須分開。

直到這令人大開眼界的 1 萬美元利潤之前，我一直未能將吸引受眾的能力運用到事業上。每次推出新產品或新業務時，我都要從零開始重新建置。

就像是得了失憶症一樣。

納維爾的電子郵件改變了這一切。它允許我自己成為

行銷和銷售方式的一部分。

更重要的是，它讓我看到了電子郵件的獨特力量。我現在可以看到社交媒體、講故事和電子郵件如何創造一個真正龐大的事業。

在第六章中，你在社群媒體上免費建立起受眾，並學會如何透過慷慨的行為來吸引他們，引導他們支持你成功。現在，你要引導這些受眾進入自己的提款機（也就是你的電子郵件名單），以便與他們保持定期的個人聯絡，並將他們從受眾轉變為客戶。我將展示一個簡單的四步驟流程，將受眾轉變為你的超級薪資條——也就是活躍的、參與度高的電子郵件訂閱者名單。

準備好了嗎？讓我們開始吧！

在本章中，你將學到：

- 如何使用有用的免費內容，激發受眾有興趣想要註冊加入你的電子郵件清單。
- 如何建立一個簡單、有效的登陸頁面，並廣為宣傳。
- 如何自動化你的電子郵件系統，以便在每日全天候向新訂閱者傳送電子郵件。

電子郵件是與客戶溝通的王道。

## ▶ 電子郵件清單就是力量

以下哪個選項對你的事業最有價值？

A. 100 位電子郵件訂閱者

B. 1,000 位 YouTube 訂閱者

C. 10,000 位 Instagram 追蹤者

結果可能會讓您感到驚訝，但答案就是 A。電子郵件是與客戶溝通的王道。

電子郵件是最有價值的管道，因為它使你掌控傳送給客戶的管道，掌握與客戶的溝通，而不受另一個平台變化無常的演算法擺布。

還是懷疑嗎？讓我說明電子郵件是最好行銷管道的六個理由：

1. 我的公司 AppSumo 每年的交易總額為 6,500 萬美元。你知道嗎？其中近 50％ 來自電子郵件。這個比例在十多年來一直保持不變。

2. 還是不相信嗎？我有 12 萬的推特粉絲、75 萬的 YouTube 訂閱者和 15 萬的 TikTok 粉絲 —— 而我願意為了我的 10 萬電子郵件訂閱者放棄它們。為什

麼？每次我傳送一封電子郵件，就有 4 萬人打開它並閱讀我的內容。我可不指望平台大神能允許我接觸到這種數量的受眾。在其他平台上大約 100 到 100 萬人關注我的內容，但這並不穩定，也不在我的控制範圍內。

3. 我知道你會說什麼：「拜託，諾亞，電子郵件已經是過去式了啦。」現在問問自己，你最近一次查看電子郵件是什麼時候？是吧？！全球超過 40 億人沉迷於使用電子郵件！這是當今現存最大的大規模溝通方式。 89%的人每天都會檢查電子郵件！

4. 社群媒體決定了誰以及多少人看到你。只要稍微調整一下演算法，你就完蛋了。還記得數位出版商 LittleThings 嗎？沒有人記得了。當 Facebook 在 2018 年改變了演算法，導致原本每月 2,000 萬的訪客流失了 75%，之後關閉大吉。執行長喬 · 史匹瑟（Joe Speiser）宣稱這扼殺了他的事業，讓他損失 1 億美元。

5. 你「擁有」自己的電子郵件清單，永遠。如果 AppSumo 明天關閉，我的保險、我可愛的寶貝，也就是我心愛的電子郵件名單都會跟著我，讓我之後要

做任何事都會比較容易。因為它是我的。

6. 要擴大電子郵件名單或與名單內的準客戶溝通都不
　需要花大量金錢，而 Facebook 及 Google 廣告都需要
　持續花錢。

　老實說，幾乎所有我認識的創業家，都說自己後悔沒
有早點開始建置電子郵件清單。不要像他們一樣。電子郵
件行銷需要成為你最新的最佳戰友。

　無論你要在何處建立何種受眾，要持續從中獲利的唯
一方法就是電子郵件。這代表：如果你沒有對方的電子郵
件，就沒有真正「建立受眾」。無論出現多少新的社群媒
體平台，電子郵件仍是加深與受眾關係的最強大管道。

　即使你目前還沒有業務，現在就開始建立電子郵件名
單也是很棒的。如此，當你想要開展某項事業時，就已經
擁有了一群願意想要幫助你的值得信賴之人。

　在我們繼續之前，我想強調一個至關重要的觀點：擁
有一份「想要你成功的人們」名單的重要性。光用數量並
不足以評估電子郵件名單的品質。如果沒有人在乎關心
你，就算有 10 萬訂閱者也沒有用。

　我的好朋友查理・侯漢（Charlie Hoehn）（他曾為提

姆・費里斯、拉米特・塞提、塔克・麥克斯工作過）在
非常早期時有個房地產大亨的客戶，他買了一份百萬訂閱
者的電子郵件名單來宣傳他的書。這個名單主要是在零售
和連鎖餐廳為了優惠折扣而加入的人，與這位大亨沒有任
何關係。查理透過電子郵件向他們傳送了五封連續電子郵
件，但只有不到 100 人打開這些郵件。重點在於名單的品
質，而不是數量。

　　你的電子郵件名單中有多少人是因為覺得了解、信任
你而打開這些電子郵件的？健康的電子郵件清單開啟率是
20%。請以此為目標。

　　電子郵件的威力不在於名單數量的多寡，而在於與對
方建立連結，讓他願意打開你的電子郵件。

　　現在，最大的問題是：如何獲得第一批訂閱者？以下
讓我來展示說明。

## ▌ 建立你的登陸頁面

　　受眾需要有「某個地方」可以真正加入你的電子郵件
清單。儘管從技術上講，你可以在 Gmail 或區域電子郵件
用戶端向人們傳送電子郵件來開啟電子郵件清單……稍微

提一下。公司、行銷人員、創業者和內容創作者的方式是
將受眾引導到登陸頁面（Landing page）。

「月收 1,000 美元」課程的學生朱利安‧梅瑞恩（Julien
Marion）為他的 Sleep Sumo 事業製作了一個登陸頁面，這
是一個幫助人們睡得更好的事業。

運作方式是這樣的：給我你的電子郵件，我會給你一
份額外的資源：每週一個免費的改善睡眠小提示，就這麼
簡單。

登陸頁面是一個簡單的網頁，其中有圖像、簡單的文
字和一個框框，人們可以在其中輸入電子郵件地址以獲取
未來更多新訊息。你可以在此處向對方提供你剛建立的額
外內容，這也稱為名單磁鐵。

**朱利安的 Sleep Sumo 登錄頁面**

你需要利用這個網站做到的事，就是傳達價值主張，並提供方法來收集潛在客戶的電子郵件。

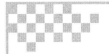

### 挑　戰
#### 建立你的登陸頁面

你可以透過 SendFox.com（我幫忙創建的一項服務）免費設定類似朱利安使用的功能。

還有其他服務（例如 Mailchimp.com、Web flow.com 和 ConvertKit.com）可用於建立登陸頁面。

請造訪 MillionDollarWeekend.com 查看更多登陸頁面的範例。

## ▌◤ 獲得前 100 名電子郵件訂閱者

0 到 10——夢想十人

開始建立清單最簡單的方法是什麼？使用現有的人際網路。

是的，就是你的夢想十人。這些人了解你，也關心你。這些高度投入的受眾正在等待訪問、訂閱和分享你的網站和內容。這個名單是你推動初期訂閱骨牌的最強大工具。

我的母親、兄弟和其他好友都在我的郵件清單上。在選擇向大眾隨機發布之前，請務必查看你擁有哪些可用的資產和網路。

以下是你可以套用的模板。我之前的「月收 1,000 美元」課程學生布萊恩·哈利斯（Bryan Harris）就是使用這模板，現在已有 1 萬多名訂閱者訂閱他的 Videofruit 線上課程。他向他的夢想十人（以及更多）傳送了這樣的訊息：

---

嘿，〔名字〕！

這封郵件只是想讓你知道，我正在開始〔請描述你的新事業〕。

我將就如何〔某個主題〕發表〔每週一篇文章／每週提示〕。

這是您感興趣的事嗎？

登記的方法很簡單！〔在此加入登陸頁面網址〕或者您也可以回信給我表示「是的，我願意」，我就會為您登

記！

祝一切順利！

〔你的名字〕

---

就這樣！

然後，如果他們回答「是」（他們很可能會這樣做，因為你認識他們），請將他們的電子郵件放在你的訂閱者清單中。

### 11 到 50——懶惰行銷

現在，你已經有了登陸頁面，接著就要開始對他們進行宣傳。顯然，你已經在這樣做了，方法可能是將你的行動呼籲（calls to action）放到影片中、TikTok 或其他線上宣傳自己的任何地方（以及在相對應的敘述之中）。但是，你還可以更進一步，在與他人的每個接觸點上放置連結。

這代表將登陸頁面網址放到你的：

- 電子郵件簽名
- 推 特、LinkedIn、TikTok、Instagram 和 Facebook 上的自我介紹描述中

這些可以提供的槓桿比多數人想像的還要大。

　　平均而言，一個人每天傳送大約 **40 封電子郵件**。這意味著你每天都有機會將新的登陸頁面網址放入至少 40 封電子郵件中。

　　這是 40 張彩券，而且這些彩券的中獎機率比平均值還要高！

　　請讓它變得有趣，就像我的這個例子：

**我用來擴大電子郵件訂閱名單時實際使用的電子郵件簽名**

　　當你將登陸頁面新增至電子郵件和社群履歷時，可以使用 Bitly.com 或 Linktree.com（追蹤點擊數的網站位址縮

短器）來衡量從這些提及資訊中獲得的流量和轉換率。

## 挑　戰

### 更新電子郵件簽名檔以及社交媒體自我介紹

　　將你的登陸頁面網址放入電子郵件簽名和社群媒體個人簡介中。

　　請向我傳送你的新登陸頁面連結：twitter.com/noahkagan。我很期待收到你的來信！

### 51 至 100——在你活躍的地方發布

　　你已經存在於社群媒體上了，現在該是時候開始在 Facebook、Snapchat、推特、Reddit 或任何你活躍的社群發布上述電子郵件的修改版了。

---

　　嘿大家，

　　我剛開始關於〔主題〕的每週電子報。

　　請造訪 website.com 加入訂閱電子報。

---

　　在這些最重要的地方發布，應該會讓你的訂閱者清單數接近 100。

　　使用有針對性的推薦來擴大名單。請你的家人朋友推薦一位他們認為會喜歡你電子報的特定人士。當你將需要推薦的人描述得越具體，就越有可能讓對方幫忙推薦。以我為 Sumo 肉乾所做的為例：「你認識在辦公室做出購買決定，並且有幽默感的人嗎？」

　　不要忘記與你一起工作的人。我知道這可能有衝突，但你擁有比自己想像更多的朋友想要支持你！

## ▌ 在第一批訂閱者之上，繼續成長

　　克里斯・馮・威波特（Chris Von Wilpert）想要建立一個內容行銷公司。他知道行銷軟體公司 HubSpot 內容在線上行銷科技領域的全球流量排名中排名第五——是構成他潛在客戶群的行銷人員感興趣的對象。於是他決定了一個策略：

1. 撰寫一篇極為詳細的部落格文章，剖析 HubSpot 內容行銷方法的成功，以及可以從中學習之處。他花了 40 個小時來研究。

2. 使用社群媒體和幾乎所有其他方式，讓這篇貼文展示在他的理想客戶面前。

3. 在貼文末尾加上行動呼籲，告訴讀者加入訂閱，接收他整理的成長祕訣下載連結。

經過克里斯的大力宣傳，已有 5,000 人瀏覽了他這篇逆向拆解 HubSpot 成功之道的文章。在兩週之內，他的電子郵件清單訂閱者從 0 增加到 1,000 以上！只需要發布一篇很棒的免費內容，並使用名單磁鐵（提供一份免費的成長密技表單給登記訂閱電子報的人）作為誘因，提供給讀者就可以了！

> **你現在該做什麼**
> 如果您真的想做成長行銷，您應該下載 ← **電子郵件名單**
> 我們超級有用的**成長駭客電子表格**
> 如需一對一行銷協助，**請點擊此處** 🖐️ ← **銷售名單**

**克里斯的名單磁鐵**

我就是名單之一。我想到這篇文章和他的受眾推廣活動引發一陣狂熱，便親自跟他聯絡：

最後，這變成了克里斯的 10 萬美元收入日，因為在我要他為 OkDork 拆解另一家公司的成長戰略，並成為我有史以來分享次數最多的部落格文章之後，我向他提供了 10 萬美元，讓他住在我們的奧斯汀辦公室 6 個月，執行他為 AppSumo 規劃的內容行銷策略。我是說真的喔。

使用名單磁鐵可以給人「誘因」加入電子郵件訂閱，而不僅僅是「要求」而已。

並不是每個名單磁鐵都必須像克里斯那樣複雜和投注大量心力。大量較溫和的內容，加上有吸引力的額外資訊（贈品），也可以紮紮實實地增加電子郵件訂閱數。

以下是四個我使用的名單磁鐵範例：

- 一份可以正確執行我在影片中解釋的事項的清單。
- 用於決定某個東西（例如企業利潤率）的模板。
- 一份高級指南，進一步詳細介紹了我某支影片的主

題。

- 一本獨特的書,具有巨大價值,但免費提供。以我為例,我提供的是「每天透過手機賺取 500 美元的 11 個副業創意」。

哪種「選擇加入」的誘因比較適合,取決於你的內容是什麼。以下是其他類型的範例:

- DIY 木匠可以提供製作邊桌的計畫。
- 行銷 YouTuber 可以提供在銷售電話中可用的話術腳本。
- 園林綠化專家可以提供美國各地使用哪種草皮較為恰當的相關建議。

Mapped Out Money 頻道的 YouTuber 尼克．特魯(Nick True)製作教學影片,教授使用個人預算軟體 YNAB 的最佳做法。他發現,當他提供與影片相關的清單作為名單磁鐵時,登記訂閱電子報的人最多。他的追蹤者非常喜歡可以將尼克的建議付諸實踐這類的資源。

Love and London 的傑絲．丹提(Jess Dante)所經營的 YouTube 頻道,主要在推薦鮮為人知的餐廳和商店,幫助

觀眾規劃倫敦之旅。她的王牌加入誘因是一份免費的倫敦入門指南，其中包含首次訪客需要了解的一切。這份指南的下載次數已超過 45,000 次。

在何處發出行動呼籲，也會影響建立電子郵件清單的成效。你可以在影片中的各種位置或透過多種方式發出號召行動的用語。

最好的方法之一，是在 YouTube 影片中對你打算提供的獎勵或資源進行簡短的相關介紹，並告訴人們在哪裡可以了解更多資訊。

## 挑　戰
### 建立名單磁鐵

現在，我們該開始使用前面列出的內容來創建第一個名單磁鐵了。你可以使用前一章的內容作為基礎，或重新設計新的內容。在設計第一版時，請不要花超過兩小時的時間。如果你之後想把它變成一件大事，那很棒。但現在請先從小規模開始。

請到 MillionDollarWeekend.com 網站取得名單磁鐵的範本！（看看我做了什麼？）

現在，你有了一個開始逐漸成長的電子郵件清單，接下來就要設法讓它能夠全天候隨時為你服務。

## 設定你的收銀機

當你讀完一本很棒的書後，第一個行動是什麼？你會去找這位作者的其他書籍，對吧？重點是，如果人們喜歡你的東西，他們就會想要更多。

在客戶與你互動或剛發現你的業務的那一時間，他們對那些是感覺最興奮的。所以這就是你要將他們融入你的其他經歷中、而不是放手的時候。因為他們想要你。

那這是什麼意思呢？

這意味著：你不必等待他們訂閱後一週或更長時間才傳送第一封電子郵件，而是設定自動回覆器立即聯絡他們。更好的是，向他們傳送你最好的東西，這樣你會知道他們在你的「電子郵件餐廳」用餐時會有很棒的體驗。

自動回覆器是一種工具，可以根據特定行為，自動向特定人群傳送電子郵件或一系列電子郵件。以現在的例子來說，這是指你的新訂閱者在登陸頁面上登記願意接收你的業務電子報以及更新訊息之時。

　　你可以把它想像成一個每天 24 小時免費工作的個人助理（不要為此感到愧疚——它們可不介意！）。

　　每個電子郵件提供者都有一個自動回覆器。我再次推薦 SendFox.com，但你也可以使用 Mailchimp.com 或 ConvertKit.com。

　　**以下是我發現效果最好的電子郵件三步驟流程：**

## 1. 歡迎郵件

---

主題：你真棒

　　感謝您加入 OkDork。你真棒！

　　在超過 17 年的線上工作經驗中，我學到了一些東西：

- Facebook 第 30 號員工的我，協助推出了行動裝置、狀態更新等功能
- Mint 第 4 號員工的我，在一年內帶領用戶成長至 100 萬
- 我創立的 AppSumo，目前業務規模為每年 8,500 萬美元

　　現在，我想幫助您實現您想要的生活。

**我可以寫些什麼樣的內容來為您提供價值？**

獻上問候與愛，

諾亞・塔可・凱根

---

## 2. 連結郵件

---

主題：在 LinkedIn 上與我聯絡

朋友您好，

請在 LinkedIn 上向我傳送連結請求，以幫助我們分享
人脈，並了解有關行銷、新創公司等等的幕後想法 ……

祝好，

諾亞

---

## 3. 內容郵件

---

主題：用 50 美元創辦八位數事業

我在 2010 年三月創辦 AppSumo。

在一個週末，我用 50 美元推出了該網站的第一版。非常簡單。

12 年後，Sumo 集團已成長為規模八位數事業。

創業可能很困難，

但我想向您展示一種比較簡單的方法：

以下是我如何以 50 美元建立 AppSumo.com 的資訊。

敬請享用！

諾亞

---

首先，歡迎郵件正如其所言：一封熱烈的歡迎郵件，告訴這些新訂閱者，你對他們剛剛加入你的「探險團隊」感到多麼高興，以及他們預期可以從你這裡得到什麼東西。

請記住，這種歡迎將在他們最願意參與你業務之時到來。這就是為什麼每當有人加入我的清單時，我都會在歡迎電子郵件中問一個問題：「我可以寫些什麼來為您提供價值？」

如此一來，你將獲得大量的內容創意，並確切知道你的訂閱者想要什麼。

　　這裡有個重點是「一對一行銷」，也就是與每個新訂閱者的個別互動。在你剛開始推展事業時，每個人都很重要。坦白說，受眾中的每個人永遠都很重要，但尤其是在開始之時，你應該回覆每位新訂閱者。我到現在都還是會回覆幾乎每一封電子郵件和大部分的 YouTube 留言。

　　其次，透過連結郵件，你可以明確要求他們在社群媒體上與你聯絡，在 Instagram、LinkedIn、Facebook、推特等媒體上關注你。最後，內容郵件則是讓你可以向他們提供一些精彩的內容，例如克里斯・馮・威波特（Chris Von Wilpert）的部落格文章、影片或是活動邀請。

　　如果你是室內設計師，這是你可以向受眾展示作品，並讓他們感到興奮的地方。或者以 Sleep Sumo 為例，朱利安可以傳送一篇關於「在被子下或上睡覺」科學研究的部落格文章（你知道世界上有兩種類型的睡眠者嗎？）。

　　在我們繼續之前，還有最後一個提示。

　　我總是建議在一開始就傳送你最好的內容郵件（免費課程、最好的文章或影片、對你的受眾最有用的內容等）。

　　原因很簡單。對每個訂閱者來說，開信率通常在一開始很高，然後在幾封電子郵件後下降。因此，向訂閱者展示你最好的作品，以盡量減少後續的下降狀況。

## 挑　戰

### 設定自動回覆器

我個人認為SendFox.com非常好（我幫忙建立了它），但也推薦很多其他網站，例如ConvertKit.com和Mailchimp.com。

請造訪MillionDollarWeekend.com取得免費教學和模板，供你後續自行複製應用。

## ⚑ 100 法則

在2018年，我開始了一個名為「諾亞・凱根秀」（Noah Kagan Presents）的Podcast節目。我總共製作了大約50集，每集的下載量約為3萬次。

然後我就完全放棄了。

這在你聽來很熟悉嗎？

你是否一直在開創事業、學習西洋棋、擴大社交影響力，或彈吉他⋯⋯然後也稍微早了一點就放棄了？

請和Buffer.com那些人的故事做個比較。

　　我記得 2010 年這些人曾在我的部落格上留言，告訴我他們正在做社交分享，正在開始這項事業，之類之類的……我記得當時心裡想著，他們不會堅持這個想法的，一定會失敗。

　　我不知道當時為什麼會有這種酸民心態。但我知道的是，十多年過去之後，他們現在的經常性收入達到 2,000 萬美元。

　　那我的 Podcast 和 Buffer 有什麼不同？

　　他們堅持下去了，但我沒有。

　　為了避免這樣的失敗，我開始依賴一個有效的框架，我將它稱為「100 法則」。讓我用一個佛羅里達大學（University of Florida）的瘋狂研究來解釋。

　　攝影教授傑瑞・厄斯曼（Jerry Uelsmann）將學生分成兩組：數量組和品質組。

　　數量組必須在學期結束時拍攝 100 張照片才能獲得 A 的分數，而品質組在學期結束時只能上交一張照片，但必須要非常完美才能獲得 A 的分數。

　　你能猜出結果如何？

　　數量組在品質上徹底擊敗了品質組！

　　為什麼？

數量組進行了更多實驗！他們拍攝了大量照片，從每次錯誤中吸取教訓，在暗房裡花了更多時間，隨著時間的推移，他們的表現越來越好。

這就是 100 法則的意義。

這很簡單：無論你投入做什麼，都要做 100 次，才去想是否要停下來。這可以防止你屈服於賽斯・高汀（Seth Godin）所說的「低谷」（the dip），即在開始工作和精熟工作之間的漫長過程中，你開始討厭工作並想退出的那一刻。

以我的 Podcast 來說，我希望每集獲得 10 萬次的下載，所以當我只獲得 3 萬次下載時，我覺得很喪氣，然後就完全放棄了——在僅僅嘗試了 50 次之後。令人瘋狂的是：(1) 如果我今天的下載量達到 3 萬次，那麼它將成為最頂級的 Podcast 節目了；(2) 自從我重新開始並投入進去之後，我每集的下載量為 7,500 次。一個痛苦但寶貴的教訓。

向前一步，並承諾完成 100 次。（將每一次視為重複動作和練習，而不是失敗或成功）。這會改變你的心態，並使你在遇到困難時更容易保持前進的動力。

關鍵是建立一個系統，幫助你完成 100 次的重複而不去想結果會如何。

對於不可避免會出現的所有疑問，解決的方法是：致

力於你的第一個 100 次──無論它對你來說是什麼，不管結果會如何。

- 如果你想建立 YouTube 頻道，請發布 100 支影片。
- 如果你在製作電子報，請寫 100 封電子郵件。
- 如果你正在開始一項新的愛好，例如下棋或吉他，請練習 100 天。
- 如果你正在創建一項業務，請直接向 100 名客戶推銷。

只需關注前 100 次。不要擔心人們是否正在觀看、喜歡、參與、購買或追蹤，只要把它發布出去即可。對於前 100 次而言，重要的是你做這件事，而不是其他人是否喜歡它。

完成 100 次之後，你可以決定是否要放棄它。

此處的啟示是：今天就去做你為了實現最終目標所需要做的事情。一步一步來。一個活動一個活動來，影片一支一支拍，郵件一封一封寫。透過一次次的重複，你都會不斷進步，一點一點進步。

100 法則是一致性的力量，這是實現卓越的唯一途徑。

# 挑　戰

## 100 法則

承諾傳送 100 封電子郵件、發文，或採取任何能讓你更接近目標的行動。為了實現你的承諾，請使用下面的 100 法則表來追蹤進度，做到就打個叉，試著不要讓叉叉停下來！

**任務：**_____

| 1 | 2 | 3 | 4 | 5 | 6 | 7 | 8 | 9 | 10 |
|---|---|---|---|---|---|---|---|---|----|
| 11 | 12 | 13 | 14 | 15 | 16 | 17 | 18 | 19 | 20 |
| 21 | 22 | 23 | 24 | 25 | 26 | 27 | 28 | 29 | 30 |
| 31 | 32 | 33 | 34 | 35 | 36 | 37 | 38 | 39 | 40 |
| 41 | 42 | 43 | 44 | 45 | 46 | 47 | 48 | 49 | 50 |
| 51 | 52 | 53 | 54 | 55 | 56 | 57 | 58 | 59 | 60 |
| 61 | 62 | 63 | 64 | 65 | 66 | 67 | 68 | 69 | 70 |
| 71 | 72 | 73 | 74 | 75 | 76 | 77 | 78 | 79 | 80 |
| 81 | 82 | 83 | 84 | 85 | 86 | 87 | 88 | 89 | 90 |
| 91 | 92 | 93 | 94 | 95 | 96 | 97 | 98 | 99 | 100 |

請到 MillionDollarWeekend.com 網站下載 100 法則追蹤表的電子版

第八章

# 成長機器

經過實戰考驗的成長手冊

「抱歉，諾亞，你還不夠好，沒辦法行銷我的公司。」

當我第一次要求 Mint.com 創辦人亞倫・帕則（Aaron Patzer）讓我擔任行銷總監時，他就是這樣拒絕我的。這是事實，當時我還不是行銷人員，也沒有經驗或真正的計畫。

但在被 Facebook 解僱後，我迫切地想向世界證明我不是失敗者。我帶著一份詳細的行銷計畫回到他身邊（這也是在後來 15 年之中，我一次又一次使用的計畫）。然後我向亞倫提出了一個他無法拒絕的提議：「在你推出產品之前的 6 個月內，我會讓你獲得 10 萬個用戶，」我告訴他，「如果沒有達到目標，你就不用付錢給我。」

我執行的行銷計畫有兩個關鍵組成部分：贊助非常有

針對性的金融部落客，以及在線上撰寫最好的金融內容。
6 個月之後，也就是 2007 年九月，Mint 正式推出時就已有
100 萬用戶。我已經超越了我的目標十倍，並得到了我的
第一個六位數薪水！

　　從那時起，我用相同的行銷計畫發展了八個不同的百
萬美元業務。Sumo.com 在 12 個月內獲得了 10 億次的曝
光。SendFox.com 在 6 個月內擁有 1 萬名客戶，在過去幾
年中擁有超過 85 萬 YouTube 訂閱者。

　　我學會了如何制定行銷計畫來一次次地發展新業務。
行銷策略的數量是無限的，但針對每個業務，我都會回頭
思考五個問題。以下是我提出的五個具體問題，這些可以
協助你制定自己的行銷計畫（如果您想查看原始的 Mint 行
銷計畫，請瀏覽網站 MillionDollarWeekend.com）：

　　1. 你今年的目標是什麼？

　　2. 你的客戶到底是誰？可以在哪裡找到他們？

　　3. 你可以加倍投注的是哪一項行銷活動？

　　4. 如何取悅你的前 100 位顧客？

　　5. 如果你必須在 30 天內不花錢將業務翻倍，你會怎麼
　　　做？

　　光是複製計畫然後希望和祈禱，這是行不通的。那是
賭博。那是把運氣當作策略。

　　你不可能知道哪種行銷策略適合自己。部落格在 Mint.
com 業務上對我有用，但在 AppSumo.com 上卻未能發揮作
用。付費廣告在 AppSumo 有效，但我們無法用這種方法讓
我的 OkDork 品牌獲得經濟效益。最終，這都是為了建立
一個流程，來幫助你確定哪些策略適合自己。

　　在開始行銷之前，我們必須選擇一個目標著力。

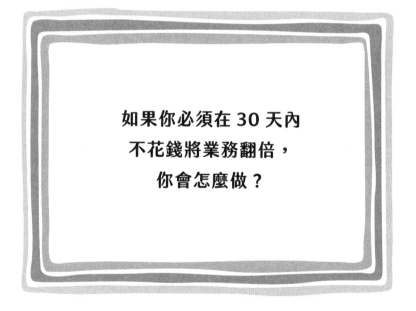

如果你必須在 30 天內
不花錢將業務翻倍，
你會怎麼做？

# ◤ 1. 設定一個高度集中的精確目標。

馬克‧祖克柏讓我在他的辦公室坐下，我開始推銷如何在 Facebook「活動」中出售門票。

「馬克，我們沒有獲利，我們需要錢。讓我們試試這個。」我懇求道。

他說不行。

然後他拿起白板筆寫下：成長。他在旁邊寫了一個數字：10 億。

他繼續解釋說，我們所做的每一項活動，都應該專注於將用戶群擴大到 10 億用戶。

對結果的高度聚焦和嚴格的優先順序驅動了這家公司，取得今日的非凡成就。

那一刻我靈光一閃，直到今天我都用它來選擇一個非常具體的目標，並努力將它實現。

首先，你需要設定一個目標。這代表你要選擇一個數字。AppSumo 最初的目標是 10 萬封電子郵件。其他一切（客戶訂單而來的收入、分享促銷方案、能見度、品牌知名度）都植根於這個數字。我們注意到，如果能夠讓這個數字成長，其他一切也會增加。以下再舉幾個目標數字的

例子：

- 你在第一章中選擇的每月自由數字
- 1,000 名 YouTube 訂閱者
- 淨收入 100 萬美元
- 50 位客戶

你的目標是最重要的數字。從目的地開始，能使路線的規劃變得更加容易。

| **專業提示** | 請明確點。就我所見，創業家在設定目標時最常犯的錯誤之一，就是說自己想要「更多」。更多收入、更多流量、更多下載。但「多」是多少？以及什麼時候達成呢？

現在請新增一個時間範圍。一個可怕的目標是「我想變得富有」。那完全沒有意義。數字是多少？更好的說法是「我想要身價 100 萬美元」。但裡面沒有時間範圍。沒有時間限制，就沒有緊迫感。那我們可以努力實現的目標是什麼？

「我想在 3 年內身價達到 100 萬美元。」

這個我喜歡！

一旦有了目標和時間範圍，你就可以將目標分解為更小目標的時間表。除了讓你的目標感覺更容易達成之外，制定時間表還具有瘋狂的激勵作用，因為你可以在實現整體目標的過程中取得較小的勝利。

最近，我的主要目標是在一年內（時間範圍）將我的YouTube.com /okdork 頻道發展到 50 萬名訂閱者（數量）。因此，我制定了每月的時間表，心中謹記這樣的原則：我要慢慢開始，然後在測試不同策略時加速，並加倍投注努力於有效的策略之上。

以下是我為 50 萬名訂閱者的目標所建的模型：

這張試算表為我提供了具體的每月目標：

- 七月的目標是 18,833 名訂戶。
- 八月的目標是 19,784 位訂戶。
- 九月的目標是 20,783 名訂戶。

了解數字是專注於目標的一種有用方法。透過這種方法，我可以排除很多嘗試起來可能有趣、但不會帶來結果的點子。

| 目標 | 一月 | 二月 | 三月 | 四月 | 五月 | 六月 | 七月 | 八月 | 九月 | 十月 | 十一月 | 十二月 | 年總 |
|---|---|---|---|---|---|---|---|---|---|---|---|---|---|
| 期初訂閱數 | 277,492 | 291,367 | 305,935 | 321,232 | 337,293 | 354,158 | 371,866 | 390,459 | 409,982 | 430,481 | 452,005 | 474,605 | 503,082 |
| 成長率% | 5% | 5% | 5% | 5% | 5% | 5% | 5% | 5% | 5% | 5% | 5% | 6% | 8% |
| 增加訂閱數 | 13,875 | 14,568 | 15,297 | 16,062 | 16,865 | 17,708 | 18,593 | 19,523 | 20,499 | 21,524 | 22,600 | 28,476 | 225,590 |
| 期末訂閱數 | 291,367 | 305,935 | 321,232 | 337,293 | 354,158 | 371,866 | 390,459 | 409,982 | 430,481 | 452,005 | 474,605 | 503,082 | 181% |

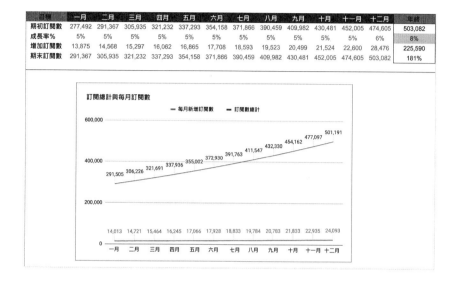

現在你有時間表了，太棒了！

那麼，下一步是什麼？

## ▶ 2. 建立你的行銷實驗清單

「我每天發兩次推文，這會幫助我向房地產經紀人推銷我的新課程。」我的一位學生說。我們姑且稱他為房地產經紀人瑞奇。

「哦，真的嗎？」我回答。

「是的，我每天都會發推文，然後使用我買的新工具

回覆人們，這樣他們就可以關注我，最終成為我的客戶。」
瑞奇說。

「嗯嗯～」我說。我很確定這不會成功。

將時間快轉。許多天後，我問瑞奇他的銷售額是多少。

零元。

「我這麼說沒有評判的意思，但是你有沒有嘗試過任何其他行銷點子，來幫你向房地產經紀人出售產品？」

他說沒有。

在你快速划向錯誤的方向之前，必須要先快速嘗試不同的行銷實驗，找出可以加倍努力的那一個。

要做到這一點，最好的方法是使用以實驗為基礎的行銷清單，以此規劃和追蹤行銷策略。

讓我舉一個現實世界的例子：丹尼爾‧布利斯（Daniel Bliss）的故事。

丹尼爾是一位攀岩愛好者，加拿大人，一個很棒的人，也是 AppSumo「每月賺 1,000 美元」奧斯汀假期的獲勝者，我們兩人在那裡為他的事業一起工作了一週。

我們為這趟假期設定的目標，就是將他的攀岩愛好變成一項真正的業務，每月為他賺進 4,000 美元。獲得自由數字讓他得以辭去郵政工作人員的日常工作，到泰國攀岩。

劇透一下：他現在常常享用泰式炒河粉呦。

丹尼爾聰明地專注於解決他自己的問題之一。他是一名攀岩者，當他確保（belay）時（站在地上幫助上方的攀岩者），需要向後傾斜並往上看，這動作對脖子很傷。他想買副眼鏡，讓他抬頭時不需要大幅度扭轉脖子。

他已經在阿里巴巴上找到了一家製造商來生產他想要的眼鏡，這副眼鏡配有鏡子，可以讓你同時看前方和上方。丹尼爾也已經手工製作並賣出 12 副來驗證這項業務了。他把兩副賣給他在攀岩時遇到的一對夫婦，其餘的賣給了攀岩群組中的夥伴。

但現在他卡住了。你要如何從這裡再繼續成長下去？像大多數的創業家一樣，丹尼爾做了明顯但錯誤的事情。他浪費時間用花俏的東西來裝飾 Shopify 網站。他研究了智慧財產權法以保護他的設計。他跟蹤競爭對手。

讓我們來解決這個問題……

首先，我們從他的目標出發，確定他要賣出多少才能達到每月 4,000 美元。目標最重要。

每月利潤 4,000 美元

眼鏡售價為每副 60 美元（含運費）

每賣出一副可以賺 24 美元

每月需要賣出 166 副眼鏡（4,000 美元／ 24 美元）

基本上大概是每天 5 到 6 副眼鏡

我無法強調這有多重要，所以我會再重複一次：從你的目標開始來倒推規劃！

接下來，我們創建了可以幫助丹尼爾實現目標的行銷策略清單：

| 管道 | 預期銷售額 | 實際銷售額 |
|---|---|---|
| 個人人際網路＋推薦 | 30 | ？？？ |
| 賣給溫哥華攀岩群組 | 20 | ？？？ |
| 批發 | 50 | ？？？ |
| 市集：eBay | 25 | ？？？ |
| 贈品 | 25 | ？？？ |
| Facebook 廣告 | 16 | ？？？ |
| 總計 | 166（他的目標） | |

現在，丹尼爾每週只有一小時來做這件事，所以我問他：「如果你只能使用其中兩項行銷活動，會是哪兩個？」

它們也是預期銷售額最高的行銷實驗。

他選擇：

1. 個人人際網絡＋推薦

2. 批發銷售給攀岩館／網路商店

從這兩個首選管道開始，丹尼爾先在 Facebook 上搜尋每位在個人資料中列出攀岩興趣的朋友，並將資料輸入到表格中。你也可以查看手機聯絡人來達到同樣的目的。接著，他單獨傳送了訊息給這些人。

---

嘿，〔名字〕

希望你一切都好。

我看到你喜歡攀岩。我也是！

當我在繫固定保護繩的時候，脖子總是很不舒服，所以我製作了超級實惠的確保專用護目鏡。

目前大約還有 10 副。你有興趣嗎？


攀岩愉快！

丹尼爾

---

在他傳送訊息給 Facebook 上的朋友之後，就有幾張訂單冒出來了，得分！

接著，我們整理了加拿大所有實體和網路攀岩商店的名單。

1. 在 Google 上搜尋「溫哥華攀岩」或搜尋 Yelp 上的「攀岩」。

2. 選項 A：造訪名單上的各個網站，並取得老闆姓名（如果可能的話）、電子郵件和電話號碼。

或者，

選項 B：在 Fiverr.com 或 Craigslist 上僱用人來瀏覽名單上的每家商店資訊，並將其加入表格中。

我們也傳了訊息給這些人。

---

主題：幫助您的攀岩館額外多賺 1,000 美元

嘿，寇琳，

在此問候一聲，希望你一切順利。

我一直在與像你們這樣的攀岩館合作，並希望為你們的會員配備我的新確保眼鏡。

www.belayshades.com（人們為之瘋狂）

我們在想，是否可以透過電子郵件向您的會員傳送您商店的專屬折扣，然後我們平均分配利潤。

我想這會是您賺取利潤，並與您的會員產生連結的好方法。

如果這聽起來對您有吸引力，能否在本週五之前回覆我？

繼續酷下去，

丹・布利斯

攀岩確保眼鏡
全新

**9.88美元**

或最佳優惠
＋2.99美元運費

贊助

在此之後，丹尼爾有時間嘗試了其他幾種行銷策略：

我們在線上市集發布。這包括將你的產品發布到已有你客戶的網站，例如 eBay、Etsy、Craigslist 或 Amazon。這一切也都是完全免費的。

等了幾天後──沒有訂單。

我們嘗試了 Facebook 和 Google 廣告。以下是我們製作的 Facebook 廣告：

這也沒有帶來任何訂單。

我們還做了贈品。丹尼爾聯絡了各個與攀登相關的 Facebook 頁面、聚會小組和部落客，並主動提出向他們寄送樣品，如果他們喜歡這確保鏡，可以用特價推薦給他們的會員。

---

主題：為您和您的〔團體名稱〕提供免費確保鏡

嘿，〔某某社群主理人〕

你們的團體看起來超讚的！很高興看到〔地點〕的攀岩社群不斷發展。

我想讓您了解這些為攀岩者設計的超酷新型確保鏡，名為「Belay Shades」。

我很樂意送您一副免費試用。如果您喜歡它們，我還可以為您的團體提供特價，讓您與其他成員分享。

只需在〔電子郵件傳送後兩天〕之前回覆電子郵件給我，並提供寄送地址，我們就會為您寄上一副。

繫繩前進！

丹尼爾

---

這也沒有產生任何訂單。

但後來……丹尼爾收到了一封郵件，這是之前聯絡過的、名為 Sierra Trading 的大型線上網站，表示對這款眼鏡感興趣。

天啊！他等了幾週才收到當地小商店的回覆。現在，

一家線上廠商在一天之內就做出了回應。

這張訂單的金額為 4,200 美元！

30 天後，丹尼爾的最終結果是這樣：

**丹尼爾的實際銷售額為 4,200 美元**

| 管道 | 預期銷售額 | 實際銷售額 |
|---|---|---|
| 個人人際網路＋推薦 | 30 | 9 |
| 賣給溫哥華攀岩群組 | 20 | 11 |
| 批發 | 50 | 217 |
| 市集：eBay | 25 | 0 |
| 贈品 | 25 | 0 |
| Facebook 廣告 | 16 | 0 |
| 總計 | 166（他的目標） | 237 |

　　這裡的重點是：說到行銷，你永遠不知道什麼方法會有效。為了找到行之有效的方法，你需要的是一個小實驗的過程——基於你對可能奏效方法的最佳猜測。這一切都是為了確定策略的優先順序，並對它們進行堅決徹底的測試！

　　丹尼爾在 30 天內嘗試了六種不同的實驗。他認為批發可以賣 50 副，結果賣了 200 副以上。他原以為 eBay 上會有 30 張訂單，結果卻是數字抱零。所以，他調整策略，開始走批發路線，並在此投入加倍的努力，因為這裡創造的銷售金額高達九成。

　　現在，讓我們列出你可以採取的行銷策略。為此，你需要知道：

　　1. 誰是你的理想客戶？

　　2. 他們在哪裡？

### 誰是你的理想客戶？

- 在 Mint，我們鎖定的是個人理財部落客和技術專業人士。
- 在 AppSumo，我們的客戶是行銷代理商麥特（Matt），一位個人創業家。

- 在 OkDork，我的客戶是在商業旅程中尋找靈感、
  通常不被看好的那些人。

我發現，要找出理想客戶的最佳方法，就是從現有客
戶尋找某種模式：

考慮一下現有客戶的共同點。某個年齡層？都有某種
興趣？特定性別？某些愛好？來自特定區域？

---

## 挑　戰
### 誰是你的客戶？

向我描述你的理想客戶是誰。

越具體越好。想想他們的性別、年齡、地點以及其他讓
他們與眾不同的元素。

_____

_____

_____

接下來，你可以在哪裡找到更多這樣的理想客戶？

看看你在哪裡找到以前的客戶，並且詢問你現有的客戶！

以下是我至今仍向人們傳遞的確切訊息：

---

嘿，瑪麗亞，

非常感謝您成為我們的客戶。

您希望在哪個特定的地點能對我的產品有更多了解呢？

---

現在，列出一張清單，讓你可以在其中找到更多這樣的人。

以丹尼爾為例：

- **對象**：每週至少進行一次戶外攀岩的人。
- **地點**：北美／加拿大，攀岩館常客，從體育用品商店購買東西，閱讀 Outside 雜誌，是艾力克斯・霍諾德（Alex Honnold，自由獨攀者）的粉絲，參加聚會／在線小組討論攀岩者，觀看特定 YouTuber 教授新的攀岩技術者，以及食用 CLIF Bars 這類能量食品的人。

如果你想不出那些人會在哪裡，請參考以下的通用行銷點子清單，幫助你跨出第一步：

- 聯絡你的人脈：你應該尋找客戶的第一個地方就是自己的現有人際網路。好處是這些人們已經認識你了，這會讓銷售更容易一些。

- 付費廣告：透過 Bing 和 Google 等搜尋引擎吸引潛在客戶，這樣當人們搜尋某些關鍵字時，你的名字就會出現。

- 社群廣告：在推特、Facebook、Reddit、TikTok 或是 LinkedIn 等社群購買廣告來鎖定受眾。

- 內容行銷：創建和發布內容（部落格、Podcast、影片），目的是引起人們對你產品／服務的興趣。

- 陌生開發：直接與潛在客戶交談。例如直接拿起電話聯絡潛在客戶，或向潛在客戶傳送陌生開發的電子郵件。

- 目標市場部落格：贊助目標市場內熱門部落格的貼文和內容。

- 網紅行銷：找出對你目標市場有影響力的個人（例如知名部落客或 Instagram 用戶）並與他們建立關係。

- 公關：向你的利基市場相關的媒體和部落客推銷，讓他們報導你的故事。

- 搜尋引擎優化（SEO）：這是增加流量的另一種可靠方法，但這需要時間。請先在 AnswerThePublic 或 SpyFu 等網站上進行關鍵字研究，發現你鎖定的利基市場都在談論些什麼。創建高度針對性的內容來增加流量。

- 贈品：收集一些很棒的獎品，建個抽獎頁面……在其中好好宣傳一番。

- 合作：出現在其他 Podcast ／節目／電子報／ YouTube 頻道中。

在你列出行銷點子清單之後，我們需要根據這些想法來估算預期的銷售量。

設定預期銷售量是策略中最重要的部分之一。這些目標將為你提供衡量標準，並幫你找出未來可以在哪些地方投注加倍努力。

那麼，你該如何為各管道設定目標呢？

這個過程最重要的一點是：不用擔心是否準確。這是為了做出恰當的猜測，這樣你就可以有一個框架來設定優

先順序，並加倍投注在有效的管道上。

在設定目標時，訣竅是使用最佳猜測；它不必是超級準確的數字。這一切都是為了幫助你確定行銷活動的優先順序。隨著時間的推移，你的數字會越來越準。

以下是個 30 天銷售預估的範例：

| 行銷實驗 | 預期銷售量 |
|---|---|
| 1. 搜尋引擎優化：寫四篇部落格文章 | 10 |
| 2. 聯絡我人脈中的每個人 | 25 |
| 3. 打電話給我的朗達阿姨 | 1 |
| 4. 在 meetup 群組中貼文 | 5 |
| 5. 郵寄促銷傳單 | 9 |
| 總計 | 40 |

這個表格幫助你專注於最大的預期銷售管道上，藉此協助你優先安排時間。

另一個選擇是多增加「時間」一欄：完成不同行銷活動各需要多長時間。你可以用來查看哪些活動不會花費太多時間，但仍然可以得到訂單。

另外，如果你投放廣告，也可以把成本列上去，但我鼓勵人們一開始先不要在行銷上花錢。先把免錢的選項都用盡了再說。

## 挑　戰

### 你的客戶在哪裡？

現在，列出至少五個你的客戶所在之處，以及你認為在 30 天內可以從那裡得到多少銷售量。

| 行銷實驗 | 預期銷售量 |
| --- | --- |
| 1. | |
| 2. | |
| 3. | |
| 4. | |
| 5. | |
| 總計 | |

## ▐◀　3. 加倍努力做有效的事。

這個行銷策略的黃金法則，請你跟我重複念：

**找到有效的方法並加倍投注努力，找到不起作用的部分並終止它。**

即使是現在，我也可能忘記這條黃金法則。不久前，在 Sumo.com，我們開始大量推廣我們的 Instagram 貼文，藉此將追蹤者轉換為顧客。因為我們看到：

(1) 我們擁有超過 10 萬名 Instagram 粉絲，而且我們的貼文得到很多讚，以及

(2) Instagram 很酷，而且對很多人都很有效。

你知道嗎？它確確實實創造了零元奇蹟！但這花了我們 6 個月的時間以及 2 萬美元，才真正承認它沒有效，並終止了它。

這裡的簡單教訓是：你需要找到適合你業務的策略，而不僅僅是「本月最熱門」的行銷策略。

請注意，實驗和嘗試新的行銷管道並沒有什麼問題，但你需要設定時間限制，以便在出現問題時停止。我發現 30 天非常足夠讓你從行銷實驗中得到成果。

這就是為什麼對創業家來說，**擁有懶惰心態很重要**。

如果某件事太難，經過多次嘗試後仍不起作用？那就放棄它並且繼續前進！

投注加倍努力在效果最好的那些行銷實驗上。

終止那些不如預期的行銷實驗。

重點是：只有當你看到牽引力時才繼續。說實話，要冷酷無情一點。即使每天 100 美元或每天 30 分鐘也是時間和金錢的機會成本，你大可花在其他地方。例如，我在 2019 年時想擴大線上影響力，當時的我嘗試了一切方法：推特、TikTok、部落格、Instagram、YouTube……我知道，我知道。這聽起來很熟悉，對吧？

經過 30 天的嘗試，我強迫自己在這些媒體中間做選擇。那時，我已經清楚看到，相對於投注的心力，我在哪個地方獲得的受眾數比其他管道好得多。我停止了所有其他管道，轉而全力投入 YouTube。

我喜歡每週（有時是每天）檢驗我的假設，以衡量我的行銷計畫進度。

你的策略在前幾週可能會進行大量的實驗和測試，直到你發現什麼有效、什麼無效。一般來說，你需要一個月的時間才能了解某個管道是否有前景。

一旦找到有效的管道或策略，就繼續實施，直到它不

再有效。對於像丹尼爾（賣攀岩礶保鏡的那位仁兄）這樣的人來說，這意味著他將精力集中在線上批發商上，因為那是他迄今為止銷售量最大的管道。

採取有效的策略並將加倍投注其中。請記住，懶惰的心態是有效的！

## 挑　　戰

### 我可以加倍投注在哪些行銷策略上？

讓我們用實際銷售量來更新你的原始行銷實驗紀錄表。這應該可以清楚地呈現哪些行銷實驗可以投注加倍努力，哪些需要終止。

請立即填寫以下表單：

| 行銷實驗 | 預期銷售量 | 實際銷售量 |
|---|---|---|
| 1. | | |
| 2. | | |

| 3. | | |
|---|---|---|
| 4. | | |
| 5. | | |
| 總計 | | |

**但是**，不要只專注於新客戶，請充分運用你現有已有的客戶。

# ⚑ 4. 讓你的前 100 位客戶更開心

如果你無法獲得任何新客戶，如何讓業務翻倍？

這將幫助你思考，如何為當前的客戶提供物超所值的服務。因為業務中最大的成長手段是客戶留存和推薦。如果你才剛起步，每一次的推薦都可以讓你的業務翻倍。

以下幾個範例可以呈現我是如何做到這一點的：

當我開始發展我的 YouTube 頻道時，我親自回覆了每則 YouTube 留言。這讓觀眾感到很特別，並且與我產生連結之感。

在 Gambit，即使年收入超過 2,000 萬美元，我會向每位客戶提供我個人的電話號碼。這種水準的客戶服務和對

細節的關注，是我們能夠如此快速發展的原因。

在 AppSumo.com 的最初幾年、甚至到今天，我會親自寫信給客戶，了解他們喜歡和不喜歡我們的哪些方面。他們總是以這樣的方式開始回信：「諾亞本人寫了這封信給我？真的嗎？」但到最後他們很興奮，並且告訴他們的朋友。

以下是來自 AppSumo 首批客戶之一的電子郵件：

---

2010 年 5 月 17 日 13:08，諾亞 <noah@appsumo.com> 寫道：

> 嘿，威爾：

非常感謝您的購買！我們今天將啟用您的專業版帳戶，並傳送電子郵件通知您。

如果您有兩分鐘的時間，我想請問幾個問題：

- 是什麼讓您有興趣購買 Imgur？
- 您還想在哪些其他網站／服務上獲得折扣優惠？
- 您有建議或希望在我們 appsumo.com 的網站上看到哪些內容嗎？

歡迎幫我們宣傳：http://appsumo.com/

你的朋友，

諾亞

---

寄件人：威爾‧戴瑞克 < 電子郵件資訊已刪除 >
收件人：我

嗨，諾亞，

我真心喜愛 Reddit，而 Imgur 是 Reddit 最好的圖片託管。我喜歡這項服務並希望支持它，在 Reddit 上提供此優惠似乎是支持所有參與者的絕佳方式。 :) 這像是超棒的 Reddit 折扣。

最好能明確指出這不是即時的，我沒有意識到這一點，所以當我進行完全部的流程、在 PayPal 付款之後卻無法即時看到代碼時，有點小困惑。等待（沒有馬上拿到）不是問題，但「立即購買」似乎有點誤導，比較正確的應該是「立即付款，我們將在 24 小時內向您傳送升級連結」。現在大家都會希望一切都是即時的，需要等一段時間反而變得很奇怪。

我希望能在我訂閱的 Napster 音樂分享平台、《戰地風雲：英雄》（Battlefield Heroes）遊戲中的 Battlefunds，或是 Spotify 訂閱上享有折扣。我剛剛註冊了 Flattr 測試版，但我

不知道在那些部分怎麼設計折扣！


祝好，

威爾

---

這無法規模化。而這正是重點所在。

另一個關鍵是保持物超所值的服務，並盡可能讓你現有客戶滿意。這樣做有雙重好處：

- 開心的客戶會將你的業務推薦給他們的朋友。
- 開心的客戶更有可能花費更多錢來購買你的新產品或服務。


你留住客戶的時間越長，從他們身上賺取更多收入的機會就越多。

此外，你可以在每一步中獲得回饋，進而使產品或服務變得更好。詢問你的客戶這個問題：「我們今天可以做一件什麼事，來讓您對我們的滿意度加倍？」

經營 BPN 營養品（Bare Performance Nutrition）的尼克・貝爾（Nick Bare）就是一個好例子。

他是一個被派往韓國海外的職員，必須凌晨四點起床經營副業，他特別強調要親自為每一位客戶傳遞訊息。這就是幫助他將營養補充品業務打造成今日七位數業務的基礎！

 諾亞‧凱根 ✔
@noahkagan

當尼克‧貝爾讓BPN的生意從每月1,000美元成長到10萬美元時，他寫了一封手寫感謝信給每位美國客戶。

當時他在韓國。

發展業務的最佳方式：

讓你的客戶感到自己很特別。

2022年9月2月6:04 PM　透過Hypefury[1]發布

2則轉發　　56個讚

---

10 社交媒體行銷工具，可將推文進行排程和自動化傳送。

# 挑　戰

## 讓你的客戶開心

問一位顧客:「我今天可以做一件什麼樣的事,讓您對我們的滿意度加倍?」

**成長的扼要概述**

請在百萬美元週末日記中回答以下五個問題:

1. 你今年的目標是什麼?

_____

2. 你確切的客戶是誰?

_____

3. 你可以投注加倍努力的一項行銷活動是什麼?

_____

4. 你要如何取悅前 100 位顧客?

_____

5. 如果你必須在 30 天內不花錢將業務翻倍,你會怎麼做?

_____

第九章

# 今年的 52 次機會

使用系統和例行公事來設計你想要的事業與生活

2014 年，AppSumo 的年收入約為 400 萬美元，我將其中約 15 萬美元帶回家。我終於買得起夢想擁有的一切了。

我做到了！

但是我感覺很糟。

這並不是疲憊。是別的東西——不是暫時的或生理上的。是更深的。事實是，我感到失落和悲傷。一種痛苦在我的靈魂中深深扎根，因而汙染了生活中的其他一切。我不喜歡我們銷售的很多產品。我不喜歡公司裡的很多人。我不喜歡我住的地方。我不愛我的女朋友。

這毫無道理。我怎麼會「這麼成功」，或者可以直接說「成功」，卻覺得這麼不快樂？我開始嘗試很多方法，

想要治癒每天早上睜開眼睛時感受到的恐懼：我嘗試看書、Reddit 論壇、心理治療、間歇性禁食和冷水浴（我的反應是：這下更糟了，現在我不但感到悲傷，而且覺得好冷）。

一個月後，當我參加聯盟行銷會議，和朋友羅伯聊天時，這一切達到了頂峰，我告訴他我是多麼悲傷，我一如既往的成功是多麼令人靈魂麻木。「它把我吸乾了，」我說，「我感到空虛。」

我永遠不會忘記自己在會議上哭了起來。我在一間沒有窗戶的會議室裡旁聽了一場演講，聽到一些人喋喋不休地談論擴大廣告活動，我的眼裡充滿淚水。我感到一種空虛，那讓我害怕。難道成功不該讓我的生活變得更好嗎？

有些事情必須改變。

就在那時，我決定繼續進行靈性探索。就像披頭四和史蒂夫·賈伯斯在尋求啟蒙時所做的那樣。那似乎對他們有幫助，我祈禱也能對我有同樣的助益。現在，有件事清楚擺在眼前：我必須離開自己的生活，才能找到自己。

就這麼決定了。我會去印度旅行，就像披頭四和史蒂夫一樣。

我前往印度北部的瑞詩凱詩（Rishikesh），在瑪哈禮

希‧瑪赫西‧優濟（Maharishi Mahesh Yogi）的靜修所待了一段時間，這位大師發展了超覺靜坐（Transcendental Meditation）並將其傳授給披頭四。我和一位把世界拋在背後的苦行僧一起，在山洞裡度過一段時間。我和果亞的瑜伽修行者一起出去玩，希望能激發一些火花。我走遍了印度的大部分地區，想要逃離自己的舒適區，在這趟自我探索追尋經驗中，我願意冒一切風險來得到改變一生的可能。

經過一個月之後，我突然意識到⋯⋯

在實際發展了數百萬美元事業之後，我正在做的是我認為「應該」做的事情，而不是我真正「想做」的事情。

他們說，我必須每天推廣一種產品來擴大業務規模，因此，我們推出了諸如 49 美元的 PDF 產品，展示如何製作沒有用的 iPhone 應用程式。「每天收入 1 萬美元」的商業教練告訴我，要積極僱用更多的人，以獲得更多利潤；因此，我們在 6 個月內從 4 個人增加到了 20 個人。他們說我要表現得更專業；因此，我們減少了 AppSumo 網站上的古怪品牌。他們說，我要參加會議並進行正式的績效評估；因此，我的行事曆上充滿了與我不在乎的員工和合作夥伴的會議。

**我在印度的照片——蓬頭垢面，我知道。**

　　我成為創業家是為了過我想要的生活，而不是做典型的執行長該做的事情。身為一名創業家，我有能力做出改變。

　　開創事業的根本就是要回歸自由。這並不意味著你所做的一切都是為了實現利潤最大化。也許自由意味著早上與孩子共度時光、下午放鬆身心，或是在阿根廷遠距工作、同時學習跳探戈。或是製作出某個產品只因為那很酷。

　　在回家的航班上，我決定只在 AppSumo 上推廣我全心支援的產品。我致力於清除有毒的朋友和同事，無論他們有多酷多炫。我想用「幾個塔可餅」來作為產品評價系統，而不是像其他人一樣使用「幾顆星」評價。我重整自

己的行程，在中午之前不安排會議，週五和納維爾這些好友們一起喝酒度過歡樂時光（或變成歡樂一整天）。這些可能看起來都是很小的變化，卻是我成為創業家的原因：以我的方式，過我的生活。

我的轉變並不是立即的。今日我仍然必須處理所有這些事情，但創業精神和百萬美元週末給我的最重要一課，是關於我自己，勝過其他一切的加總。我學到了這一點：要獲得你在世界上想要的一切，第一步就是允許自己想要它，並面對獲得它所必要的恐懼。

有些人有一份穩定的工作，年薪 7 萬美元，非常幸福。你實現了你的夢想。很棒！但我們很多人都還有其他夢想。夢想沒有錯。百萬美元週末就是為了那些夢想自己創造一些東西的人所創立的。

還記得發明攀岩確保鏡的郵政職員丹尼爾·布利斯嗎？他的建議是這樣的：

「百萬美元週末」的過程有助於激發我的創業精神。我最初的經營理念逐漸演變，幾年之內，我成為了歐洲攀岩品牌在美國的主要經銷商。在接下來的 10 年裡，我結束了這項事業，當時的營收已經達到接近 100 萬美元的水準了。

　　從創業得來的收入不只是放在銀行戶頭。我能夠投資並創造財富，而這開啟了許多機會。這讓我能夠追求個人愛好，例如去埃及旅行和接受自由潛水教練的培訓，並投資於繼續接受電腦科學和程式設計方面的教育。

　　更重要的是，我成功地取得了平衡，顯著提高了我的生活品質。我仍然在郵局做兼職，也涉足一些副業，但我的主要關注點始終是增加我的自由，繼續我的學習之旅，並充分運用創業賦予我的「時間自由」。

　　展望未來，我的未來是一張空白的畫布，雖然不確定下一步要做什麼，但我知道絕對會比每天 8 小時投遞郵件來得更有趣！

　　回首過去，我可以誠實地說，因為「百萬美元週末」，我成為另一個完全不一樣的人！

**享受百萬美元人生的攀岩達人丹尼爾**

## 挑　戰

### 讓我們分享你的成功故事來幫助他人

正如你從丹尼爾的故事中得到能量，同樣的，你的話語也可以激勵其他人。

請傳送電子郵件至 noah@MillionDollarWeekend.com 或在社交媒體上發文，並標記我 @noahkagan，告訴我你的生活有了什麼樣的改善。我會分享到 MillionDollarWeekend.com 上。你正在閱讀並採取行動的這個事實正引導你走向正確的方向。

在最後這一章裡，我們將確定你想要實現的夢想是哪些，並將實現這些夢想的重要任務做出優先排序。然後，我們將探討建立一個支持性網絡，讓你負起責任，並幫助你完成更多。

## █◤ 實現你的夢想

在工作中，你必須接受你所在的系統。身為創業者，

你要設計你自己的系統。

　　你的事業還有人生的挑戰，是設計一個能夠將整體幸福感最大化的系統。

　　我們投入創業就是為了實現個人自由和快樂的目標。但你的成功版本與其他創業者都不相同，這意味著你要設計出自己的道路。

　　為了做到這一點，你必須相信自己可以重新設計生活，為你值得擁有的樂趣和滿足創造空間。許可權已授予！

　　不要讓恐懼阻礙你。設計你夢想的生活才是你真正致富的地方。所以繼續前進吧。

　　創業精神是你以生活為中心來打造工作的機會，而不應反被它吞沒。問題是，身為創業家、也許還身為配偶或父母，時時刻刻都有大量的事情在牽引著你。這種持續的混亂使你無法一直贏得勝利。這是獲得樂趣和成就感的最大障礙之一。當你無法聚焦，就會失去控制。

　　那麼，該如何防止自己失去對目標的關注，或失去對生活的控制呢？

　　讓我們設計一個清單來讓你重新聚焦，以下我將展示我的版本。

## ▐▶ 夢想之年清單

想像一下你有史以來最好的一年。閉上眼睛想像一下：你在吃墨西哥捲餅，搭配各種你想要的酪梨醬。你正在創造出你的自由數字。你花了大半天來研究植物，只因為你喜歡。你可以在多個地方生活。只有當你思考真正想要什麼時，夢想才能成為現實。

以下是我最近的「夢想之年」清單摘錄內容：

☐ AppSumo 成為軟體界的「市集」，輕鬆成長到 3,000 萬美元的規模。

☐ 找到夢想的家：游泳池、車庫、漂亮的廚房，以及價格合理、適合休閒的好房子。

☐ 與伊恩（Ian）一起在西班牙度過美妙時光，喝很多酒＋騎自行車。

☐ YouTube 頻道訂閱數增加到 50 萬名。

☐ 取得飛行員執照。

☐ 透過騎自行車，讓健康狀況達到最佳狀態。

☐ 繼續騎自行車橫越美國。

☐ 和喬·羅根（Joe Rogan）一起，在他的 Podcast 談論我做的一些獨特之事。

□ 製作一個非常受歡迎的 Netflix 商業節目。

□ 寫一本很受歡迎的書，不是一般的商業或自助書
　籍，而是真正能引發共鳴的那種。

□ 進行一週的個人獨旅。

□ 造訪山地自行車城市：阿什維爾（Asheville）、太陽
　谷（Sun Valley）、傑克遜霍爾（Jackson Hole）、塞
　多納（Sedona）。

□ 安排我的父母飛來歐洲與我共度時光。

□ 到大峽谷進行房車／露營車旅行，包括沿途騎自行
　車，也許會玩飛盤高爾夫、營火、餐廳、啤酒廠
　（也許和我的兄弟一起？）。

　　你首先要寫下希望今年發生哪些結果。這個夢想之年
不僅僅是「我會擁有一棟漂亮的房子，我的生意會聲勢震
天」。請把細節也構思一番：你住在哪裡、你在做什麼、
你的感覺如何、你去哪裡旅行等等。

　　這是為了激勵你了解人生中可以做的所有事情。然
後，真正切入對你來說重要的那些。我發現它也幫助我實
現更大的夢想：「哇！我可以做這些令人興奮、心動的事！」

　　請記住：這是夢想之年。這代表要做大夢，不用擔心

如何實現。你現在所做的就是為這一年制定一個讓自己怦然心動的願景。一旦對你的夢想之年有了清楚圖像，就可以專注於實現它。

如此一來，你不會一年到頭處於被動狀態、偏離軌道，而是有機會專注在這難以想像的精彩一年，並將它們全部寫下來。

---

## 挑　戰

### 寫下你的夢想之年

讓你的清單詳細且具體。

_____

_____

_____

_____

_____

## ▶ 將夢想之年變成目標

現在，你已經寫下了夢想之年，接下來就要選擇夢想並組織成目標了。這是你的人生，所以請從夢想清單中選擇最令你興奮的事情。另一個關鍵是一致性 —— 如果你繼續實現前幾年的目標，會是一件好事。另外，我更喜歡鎖定少一點但完成了會很高興的事。

將它們分為四個部分：工作、健康、個人和旅行。

但請隨意更改或添加你想要的內容，因為這是你自己的人生！

以下是我從去年挑選的：

**工作：**

- AppSumo 達到業績 3,000 萬美元
- YouTube 訂閱數達 50 萬
- 完成《一個週末！打造千萬事業》一書

**健康：**

- 騎自行車橫越美國
- 75,000 個伏地挺身

**個人：**

- 取得飛行員執照，並飛往阿布奎基
- 不是把賺到的所有錢都捐出來，就是花在自己和朋友身上
- 在奧斯汀買一間好房子

**旅行：**

- 進行一週的個人獨旅
- 造訪山地自行車城市（阿什維爾、太陽谷、傑克遜霍爾、塞多納）
- 與父母和兄弟一起旅行

**關於目標的幾個重要關鍵：**

- 不要擔心需要在夢想之年裡做所有的事情。認真想想哪些會讓你興奮。我的經驗法則是，如果你對某個夢想猶豫不決，那它就不應該出現在你的目標清單上。
- 我不一定能完成自己列出的所有事情。這沒有關係。這個清單是為了幫助你做出時間的優先順序安排，這一點我們會在接下來的篇幅中討論。你可以做些安排，並確保投注努力在自己真正想要的事情上。

- 在過去的 10 年裡，我一直試圖設定超級有野心的目標，但我發現針對更永續的目標會更好。發現並堅持做某事，比「燦爛一年後身心耗竭」還要更厲害一點。
- 讓清單為你工作，而不是反過來。如果你在半年之後發現某些事情並不重要，那就改變清單。我的目標是每年回顧和更新清單兩次。

確保實現目標的最佳方法是經常看到它們。以下是我展現目標清單的地方：

- 在我的手機鎖定畫面上
- 貼在電腦上的便利貼
- 在文字檔案中，每週檢視兩次
- 在我浴室的鏡子上
- 在我每天閱讀的筆記上

## 挑　戰

### 找個人傳送出你的年度目標

　　這個人可以是早期在你身上投資了 1 美元的人或是你的朋友……你信任對方會在這一年裡定期與你聯絡，並反駁你的廢話，藉此幫助你實現承諾。

# 挑 戰

## 年度目標清單

使用這四個類別來確定你的年度目標。

**工作**

_____

_____

**健康**

_____

_____

**個人**

_____

_____

**旅行**

_____

_____

現在你已經有了目標，接下來，讓我們幫助你安排時間的優先順序，以避免生活中的干擾。

## 🚩 為行事曆著色

----------------------------------------------------------------

> 如果沒有計畫，就是在計劃失敗。
>
> ——班傑明・富蘭克林（Benjamin Franklin）

我們一週都有同樣的時間，168 小時。為什麼有人可以完成比他人更多的事情？

在生活中眾多的義務，例如孩子、社區、日常工作、嗜好等等，你必須確保將時間分配給重要的事情。

給我看你的行事曆，我就可以告訴你，什麼對你來說最重要。

剛剛我們已經建立目標了，現在我們要將那些項目放到每週行事曆中。

這是我的行事曆系統：

- 將所有內容**分類**。
- 為你的分類指定**顏色代碼**。
- 為關鍵優先事項**標上顏色**，藉此來規劃每日行程。

- 每週日進行一次**責任回顧及預覽**。

我並不是要告訴你如何度過你的時間，而是給你一個系統，確保你為重視的目標分配時間。

### 類別和顏色代碼

這是我行事曆的一個非常典型的螢幕截圖，其中顯示了我每週的日程安排：

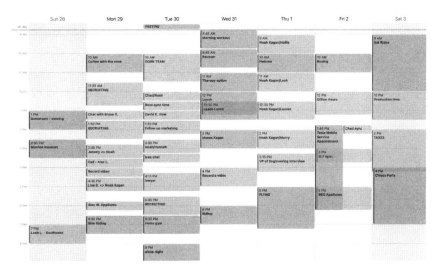

請上網 **MillionDollarWeekend.com** 瀏覽我行事曆的**最新版本**。

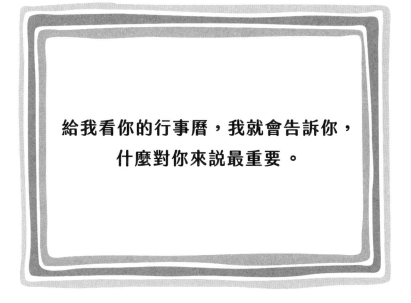

給我看你的行事曆，我就會告訴你，
什麼對你來說最重要。

注意到什麼了嗎？這張圖是黑白的，因為我的出版社說彩色印刷太貴了，哈！

但一切都是用顏色來編碼的！

- 藍色＝工作
- 綠色＝健康
- 紫色＝個人
- 黃色＝旅行

用顏色做代碼的作用是幫助我查看行事曆，並且可以一目瞭然看到：我是否花了最多的時間來實現我的目標？只要稍看一眼，就能立即了解到工作和優先事項之間是否一致，以及這兩部分在每天的組合比例如何。

這可能會給你帶來壓力，或者感覺需要為這個系統做很多額外工作。那好，就把它扔掉！我不在乎你如何安排你的時間。我在乎的是：你將人生重要目標投入時間的優先順序放在工作時間之上。

這讓我有機會查看我的行事曆並思考：「我說我的優先任務是將 YouTube 訂閱人數增加到 500,000，那為什麼藍色的區塊那麼少？」並為它分配更多時間。

| **專業提示** | 先執行優先事項，這意味著：如果你的主要目標是 YouTube，請在一週開始就先聚焦在它上面，以確保你有完成最重要的事情。隨著一週過去，我會慢慢感到疲倦，所以我把最重要的任務放在週一和週二。

### 如何確定重要任務的優先順序以便實現目標

我問納維爾他一整天都在做什麼，他說看《辛普森家庭》還有彈吉他。

我驚呆了，呵呵。

你整天坐在家裡，什麼事都沒做？如果是我，內心產生的罪惡感和焦慮應該會超級大吧。

實際情況是：納維爾依照優先順序來依序進行一週的行程，他建立了系統以確保在他的事業領域能完成正確的事情，並以他想要的方式（而不是別人的方式）生活。以下是我用來決定時間優先順序的問題：

### 1. 我如何選擇每週實際要做的事？

每個週日，我都會花 15 分鐘回顧過去一週，並為下一

週設定任務。這是你重新審視年度目標、選擇每週活動以使自己更接近目標的機會。

### 2. 我如何知道這些任務是否使我朝著目標的正確方向前進？

在週日回顧中，我也會看看前一個週日的目標，看看我做了哪些跟它有牴觸的事。這是我評估它是否推動我實現年度目標的機會。

這不是為了評判或羞辱自己，而是讓自己負起責任並不斷進步。

### 3. 如果我想懶惰一下怎麼辦，需要安排懶惰時間嗎？

WWND（What Would Neville Do?）納維爾會怎麼做？不做。在某些日子，我們會像納維爾一樣，什麼都不想做。那就好好享受吧。善用你的懶惰，將它轉變成優勢。你的工作中是否有部分可以外包、停止進行或找到軟體來代勞？（也許正好在 AppSumo.com 上有賣，而且價格很優惠！）

### 4. 我可以如何加倍投注在推動目標實現的活動上？

　　無論你喜歡哪項活動或有助於實現目標，就請重複進行那些活動。我的座右銘：重複的事情越多越好。如果你每週一和週四從下午一點開始做 YouTube 相關工作 3 小時，這就會成為習慣。每週二的晚上，我都會去騎腳踏車，這已經變成自動的習慣了。如果重要任務能自動進行，你就可以騰出大腦來專注於更複雜的問題，這會為你提供能量，並推動你朝目標更進一步。

　　設定好目標之後，實現夢想的最後一步就是你的支持系統，它可以幫助你承擔責任並取得成功。讓我們進行設定吧。

## ▐◤ 不孤單創業

　　我 90% 的淨值來自於與人來往。當我創辦 AppSumo 時，我打電話給安德魯・華納（Andrew Warner），他幫我介紹給了查德（Chad），後來成為我的商業夥伴、技術長和我最好的朋友之一。

　　我在一次創業者野餐活動中認識安德魯・陳（Andrew Chen），他將我們的業務從軟體組合轉變為單一商品，這個轉變使我們公司那年的收入增加了四倍！

提姆．費里斯（Tim Ferriss）（在他變得超級出名之前）在推特上發了一篇推文，驅動了我的第二筆交易，也推動了大量的銷售。

精實創業家艾瑞克．萊斯（Eric Ries）幫我設計西南偏南（SXSW）藝術節的捆綁銷售方案，使 AppSumo 營收從六位數衝到了七位數。

納維爾．梅赫拉（Neville Medhora）幫助 AppSumo 提升電子郵件價值，從每封郵件 100 美元變成每封電子郵件 1 萬美元。

偉大的企業家有偉大的創業社群。沒有什麼全靠自己闖出一片天這種事。每個人都是靠團隊合作成功的。

作為一名創業者，你會感到沮喪和孤獨。這伴隨著頭銜而來，所以你周圍必須有合適的團隊──其他創業者，他們能了解你正在走的獨特道路。尤其是在獨自開始之時，你需要創建自己的社交基礎建設來提供支持、合作、學習和督促。

讓我展示三種方法，可以幫助你結識合適的人，在你的事業發展旅程之中提供幫助。

### 1. 找一個督促夥伴

當其他人觀察我們的行為時，我們會做出更好的選擇，並更努力地工作。研究人員稱之為霍桑效應（Hawthorne effect）。我將它稱為我的第一個生產力密技。

一點點外部壓力可以幫助我們保持誠實，並走在正軌上。這就是為什麼過去 10 年中的每個星期日，我都會向我的朋友亞當‧吉伯特（Adam Gilbert）傳送星期日回顧與預覽的電子郵件，列出我說上週要做的所有事情、完成了多少以及我想要在未來一週做的事情。

以下是一週回顧電子郵件：

---

10 月 2 月星期日晚上 8:50 諾亞‧凱根 <noah@gmail.com> 寫道：

**工作：**

AppSumo：

◎ 撰寫行銷客戶旅程

　‧在這方面取得了很大進展。

◎ 持續籌備黑色星期五行銷

　‧真心投入。對此頗感興奮。

◎ 與公司關鍵人員一對一談話了解近況

．這部分做得最多。明天完成。

◎ 支持尋找財務長、副總裁行銷顧問和潛在銷售顧問

　．行銷顧問持續往前進展，財務長安排在本週，銷
　　售顧問安排在一週之內。

◎ 與代理商會面，討論書的排版與設計

　．完成。會再跟他們繼續討論。

◎ 與塔爾．拉茲（Tahl Raz）碰面

　．完成。

◎ 閱讀測試版讀者（咳咳，就是亞當）的評論回饋

　．得到很棒的回饋。需要更多回饋。

**健康：**

拳擊

壁球

1 次超級讚的自行車騎行

．以上都完成。沒有壁球。贖罪日。

**個人：**

要讀的書

．系統思考（物理）

・人生 4,000 個禮拜（電子書）

・吃掉鯨魚的魚（有聲書）

和丹一起去 ACL

　・或許。待定。今晚。

## 旅行：

研究爸媽歐洲之旅要去的城市

　・完成。

---

亞當回覆了這封電子郵件：「黑色星期五的部分太棒了，迫不及待想看看結果如何。你在仰臥起坐上花了多少時間？我沒有看到它們被列出來，你說這是你今年的重要目標。」

找個你尊敬的人，可能是一個致力於相似目標的同伴，並建立這個週日的儀式，在你們的旅程中互相幫助。你的好友會支持你並慶祝小小的勝利。此人必須回覆並協助你負起責任。如果他們從不回覆，或在你不持續時也不會出聲提醒你，那麼你需要找到一個更好的人。

督促夥伴？這似乎是一項很有潛力的百萬美元生意！也許各位讀者當中有人可以驗證並創造這個事業！:）

## 挑　戰

### 督促夥伴

我的督促夥伴是：

_____

　　找一個人傳送你的每週目標。在過去的 10 年裡，我每週都會與 mybodytutor.com 的亞當‧吉伯特一起為我的年度目標而努力。督促是一種超能力。

　　請造訪 MillionDollarWeekend.com 網站並訂閱我們的電子報。我會試著為你牽線找到一位督促夥伴。

　　你找到督促伙伴了，但要如何結識其他人來幫助你在事業上取得成功？這裡有兩種有效的方法！

### 2. 鎖定潛力股網紅

　　我會努力在那些野心勃勃的人成功前與他們建立連結。那時候與他們聯絡、互相幫助並建立實際的關係要容易得多。

　　我在 2007 年認識提姆，當時他還沒有成名。他正在宣傳尚未出版的書，名為《一週工作 4 小時》（The 4-Hour Work- week）。我在拉米特・塞提（Ramit Sethi）還在上大學、剛剛創建 iwillteachyoutoberich.com 部落格、尚未變現一塊錢的時候就認識他。從那些時候開始，我們就成了好朋友，他們在我所取得的一切成就上都提供了幫助。請記住，重要的不是這些人在今天到達什麼位置，而是你認為他們將走向何方。我仍然一直與雄心勃勃的人接觸。幾年前，我和 Marketing Examples 的哈利・德里（Harry Dry）聯絡，他是一位來自英國的年輕孩子。我喜歡他電子報提供的內容，裡面有很棒的行銷案例研究和文案寫作技巧。我喜歡和像他這樣有趣的人來往，這種關係為現在和將來的互相幫助創造了很好的機會。請試著不帶任何期望回報地與人們連結。

　　如今，哈利的電子郵件清單上有 10 萬名訂閱者，LinkedIn 上有 3 萬名追蹤者，推特上有 14 萬名追蹤者。他做得非常好，而我們是朋友！現在要跟他連結可能會比較困難，但我在他還沒爆紅之前就已經建立連結，所以要聯絡就比較簡單。和拉米特・塞提、提姆・費里斯也都一樣。

　　以下三個原則能幫助你找到潛力股網紅：

1. 誰的工作（表現）讓你印象深刻？
2. （再加上）誰還沒有得到大量關注，並且可能會回覆？
3. （再加上）你能做些什麼來幫助這個人？

## 挑　戰
### 與潛力股網紅連結

與任何人建立聯絡的最簡單方法是先讚美他們，而不要求任何回報。

我正在連結的潛力股網紅是：

_____

請傳送以下訊息給對方：

_____

嘿〔名字〕，

我很喜歡你推出的東西。〔具體陳述你喜歡的原因，或它如何影響你的生活〕

繼續前進！

〔你的名字〕

_____

從這裡開始，對方可能會回應你，而你們就可以展開對話，討論未來的合作或互相幫助。傳送請求某事的訊息是種垃圾郵件，而像上述腳本的連結和建立關係，傳送的是不帶任何回報期望的讚美。

### 3. 透過推薦建立你的 VIP 網路

安德魯・陳（Andrew Chen）是矽谷最著名的高階主管之一：安德里森・霍羅維茲（Andreessen Horowitz）創投公司合夥人，該公司專注於遊戲、擴增實境（AR）／虛擬實境（VR）、元宇宙和其他很酷的東西。

但早在 2007 年，當 23 歲的安德魯剛搬到灣區時，我是他唯一認識的人。

當他到灣區時，他知道自己需要擴大網絡來達成夢想、取得成功。作為一個雄心勃勃的 20 多歲年輕人，安德魯希望找到比他優秀十倍的人。

為了建立人際網絡，安德魯設定了一個目標：「在灣區的前 6 個月，每天結識 5 個新朋友。」

不到一年的時間，安德魯就與風險投資家馬克・安德森（Marc Andreessen）（網景 Netscape 聯合創始人）和創業

家袁征（Eric Yuan，Zoom 創始人）等知名人士建立了聯絡。透過這項策略，他成為安德里森・霍羅維茲公司的普通合夥人，這是世界上最受注意的創投公司之一。

他的策略就是不斷向外主動聯絡、跟進，並且尋求推薦。

在結識新朋友後，安德魯會寄給他們一封感謝電子郵件，其中包括了：

- 他覺得有趣的聊天亮點
- 後續行動和待辦事項
- 要求認識更多的人

想在你的城市嘗試同樣的事情嗎？下次遇到新朋友時，請使用以下範本：

---

嗨，諾亞，

非常感謝你與我會面。你真是「超讚」的代名詞。

以下是我從那次的聊天中得到的三個重要啟發：

- 研究振動反饋技術 —— 這裡有事業成長的絕佳機會（你提到它是下一個 10 億美元的產業……太強了！）

- 「要成功，你必須要從無法大量擴展的事情開始」你

引述的這句話超棒的。

・值得關注的公司：Mutual Mobile、Onnit 和 Backlinko
超級感謝。

我很好奇：有沒有其他一到兩個人是你認為我可以認識的？

再次感謝，
安德魯

---

當安德魯收到推薦的新人選名單時，他會傳送一封介紹電子郵件，其中包含三個要點：
- 關於他自己的簡短介紹
- 他可以提供的價值（也就是說，這對對方有什麼好處）
- 為什麼他很興奮可以見到對方

他會將這樣的郵件傳送給被介紹者，並依照實際見面的創業家或 VIP 做個人化設定。你也可以這樣做。

告訴別人你為什麼有趣、你可以如何提供幫助以及為什麼你想見面，這些都非常有效。如果未能向你準備聯絡的人提供這些要點，你的郵件很可能會被忽略。

以下是安德魯傳送的一封電子郵件，我做了一些註釋以突出其中的重要部分：

---

主題：史蒂夫·史密斯告訴我關於你的事**【你的郵件主題需要用你最強的誘因來吸引對方，此處最強的誘因是有熟人介紹】**

嗨，鮑伯，

在此問候，希望您擁有美好的週二早晨！

我的好朋友史蒂夫·史密斯說，您是我下一個拜訪的第一人選。

另外，我喜歡您的部落格——尤其是關於如何在舊金山大為發展的文章**【詳細描述以提高讚美效果】**。拜您的啟發之賜，我一直在嘗試 Meetup.com 活動。**【必須是真實的陳述】**

如有機會，很樂意與您討論如何為您的企業進行行銷。**【你的「禮物」】**

下週二上午 10 點在 Coupa 咖啡館怎麼樣？或任何對您來說最方便的方式。**【你的行動呼籲越具體越好】**

我也打算在我的網站即將發布的部落格文章中介紹

您，這個網站每月約有 2,000 名讀者。**【為對方創造更多價值】**

謝謝，

安德魯

附：關於我：剛搬到舊金山，最近和馬克·安德森（Marc Andreessen）、米奇·卡普爾（Mitch Kapor）等人交流。**【社會證明】**

---

## 挑　戰
### 請朋友做一個推薦

1. 告訴我你第一個想到的人。你認識的朋友中，最讓人欽佩的是誰？

---

2. 將此訊息傳送給那位朋友：

嘿，〔朋友〕

　　你是我認識的朋友中最令人欽佩的，我希望你能幫助我擴展我的人際網絡。

　　我喜歡：虛擬實境、3D 列印機、電子郵件行銷。

　　你有沒有想到我可以跟誰認識？

　　如果沒有想到也沒關係喔，不用有壓力。

　　我喜歡只要求對方提供一個人選，這樣會比較容易思考。然後請對方不要有壓力，而不是給他們一個必須把我介紹給某人的任務。

　　3. 在與對方介紹的人進行了一次愉快會面後，感謝介紹你倆認識的這位朋友，並邀請新朋友也推薦一個人選給你。

　　你學會了從現在開始的力量，你克服了對開口要求的恐懼，你找到了價值數百萬美元的機會以及如何快速驗證它們，你學會了用社交促進增長以及用電子郵件獲取利潤，你掌握了行銷，然後你學會如何弄清楚自己的夢想，並與優秀的人一起實現它們。那麼，下一步是什麼？

# 開始、開始、再開始

　　我記得在父親生命的最後幾天，我去他家探望他。那是一個悲傷的場景。到處都是藥瓶和內華達山脊（Sierra Nevada）啤酒的空罐子，父親陷在他的 La-Z-Boy 躺椅裡睡著了，屋子裡充斥著一些蹩腳地方新聞台的背景聲音。我坐在他旁邊，悶悶不樂地盯著電視，感覺自己又像是那個渴望著父親的愛和認可的小男孩。我是來告別的，但我也來告訴他我的好運，感謝他的教導，幫助我闖出一番事業。

　　我延續著一貫風格，試著幽默地做到這一點：「不用擔心，老爸，我來這裡不是為了借睡你的沙發。我現在有了自己的地方，你一定不相信，我創辦的公司今年收入實際上會達到幾百萬美元耶，很棒吧？」

　　「嗯，非常好，諾亞，」他回答，「你能換一下電視頻道嗎？」

　　就是這樣。沒有好萊塢式的父子話別場景。沒有智慧的話語，也沒有哭著承認我讓他感到多麼自豪。就在那個地方，那個時刻，我能感覺到自己陷入了深深的恐懼之

中，不安全感湧上心頭，所有那些內心深處的聲音，沒有人聽得到但始終存在、而我們永遠無法完全擺脫的聲音，變得越來越響亮，堅持著告訴我，我還不夠好，這一切遲早都會崩潰，而且我在 Facebook 的前老闆馬特・科勒（Matt Cohler）說我是公司負擔的說法完全正確。

大腦對我們的搗亂實在太瘋狂了，對吧？

我從來沒有想到 15 年前我被 Facebook 解僱的那一天，會開啟我一生的冒險。我很感激他們拋棄了我，讓我得以走出去，用我自己的方式探索世界。今天，我感到幸運和興奮，因為我現在可以與你分享這些經驗教訓，讓你可以創造自己想要的人生道路。

對你意志和恆毅力的考驗永遠不會停止。無論你取得多少成就，疑慮永遠不會完全消失。時日無多的父親似乎是一個罕見的、戲劇性的例子，但在大大小小的時刻，**你的人生是由你面對恐懼的意願所塑造而成的。請記住，無論如何，都要繼續前進。**

你必須定義什麼是你人生的成功，不用擔心別人的看法。百萬美元週末讓你能夠創造出你想要的生活。今年你有 52 次機會這樣做。

實現夢想總歸而言就只有這一個問題：跌倒後你願意

重新站起來多少次？創業精神無非就是提出想法的能力，以及嘗試它們的勇氣。

實驗、實驗、再實驗。失敗、失敗、再失敗，直到你成功。

儘管開始吧。然後⋯⋯再開始。

愛你的諾亞　上

PS：寄一封電子郵件給我吧：

noah@MillionDollarWeekend.com

我在這裡，和你在一起！：）

# 百萬美元週末

# 畢業啦！

祝賀：＿＿＿＿＿＿＿

完成 48 小時創業挑戰，

改變了你的人生！

獻上真摯祝賀，

諾亞・凱根

此頁特別留白，供你做筆記和記錄靈感……

# 致謝

- 你是我第一個想感謝的人。你勇敢面對恐懼、擁有夢想並追求夢想,真的是太棒啦!

- 塔爾‧拉茲(Tahl Raz)。多年來我一直夢想有機會與你合作寫一本書。謝謝你給我機會。不知怎的,你總是能夠把我所有的冒險/理論/想法/古怪想法融合在一起,並把它們放在一個有用的敘事中,這是我從來沒有想像過的。謝謝你!也謝謝同為流汗愛好者。

- 亞當‧吉伯特(Adam Gilbert),謝謝你在 10 多年前和我一起騎自行車時,聽我分享這樣的夢想:將我的知識寫成一本書供他人使用。謝謝你一直做我的守護天使。

- 查德‧博達(Chad Boyda),是本書的優秀合作夥伴和早期倡導者。

- 納維爾‧梅赫拉(Neville Medhora)在過去幾週幫助我更新內容。

- 瑪麗亞‧柏格斯(Maria Fernanda Salcedo Burgos),感謝你在我寫作時照顧我。

- 麗莎・迪莫納（Lisa DiMona）是我的第二個媽媽，也是本書寫作過程中的大力倡導者。

- 查理・侯漢（Charlie Hoehn）是我寫作的祕密武器，總是提醒我要做諾亞・凱根本人。

- 湯米・狄克森（Tommy Dixon）忠於自己的信念，並支持我新書的發布。

- 妮基・龐賽克（Nikki Poncsak）負責所有書籍研究。

- 傑若米・馬利（Jeremy Mary）推動我走出自己的舒適區，共同創造了精彩的內容，並幫助為本書製作了令人驚嘆的章節標題。

- 米契爾・科亨（Mitchell Cohen）對本書早期版本提供了大量回饋，並提醒我要永遠更樂觀！

- 感謝梅莉（Merry）、奧德安（Adrian）、史黛芬尼（Stefanie）、瑪麗凱特（Mary Kate）以及企鵝出版（Penguin）小組成員對這本書的信任。

- 大衛・莫道爾（David Moldawer）協助彙整本書提案資料，讓這本書可以真正啟動。

- 山姆・帕爾（Sam Parr）給我啟發，讓我得以加速前進。

- 艾曼・艾爾・阿布杜拉（Ayman Al-Abdullah）激勵我保持一致性，持續追求高標準。

- 伊洛娜・艾比莫娃（Ilona Abramova）在我寫這本書的時候幫忙管理 AppSumo.com，並且對句子很擅長。
- 感謝 AppSumo.com 團隊的每個人！
- 我們的 YouTube 編輯卡麥隆・博基（Cam Boakye），幫助我們一起創作精彩的內容，並展示不被看好的人也有堅強實力。
- 感謝每位從 AppSumo 購買或喜歡我內容的粉絲們，以及不被看好的夥伴們——你們追求自己夢想的故事深深激勵了我。
- tropicalmba.com 的丹・安德魯斯（Dan Andrews），絕佳自行車騎手、商業哲學家和偉大的思想夥伴。
- 提姆・費里斯（Tim Ferriss）提供的平台，幫助本書得以出版。
- 詹姆斯・克利爾（James Clear）、凡妮莎・范・愛德華茲（Vanessa Van Edwards）、拉米特・塞提（Ramit Sethi）、丹・馬特爾（Dan Martell）、馬克・曼森（Mark Manson）、克里斯・古利博（Chris Guillebeau）和萊恩・莫蘭（Ryan Moran）分享了如何撰寫和推廣書籍的建議。
- 感謝每個對初期草稿留下評論的專案啟動團隊成員們。你知道你是誰。

- chomps.com 的彼得‧馬督納多（Peter Maldonado）是第一個立即從他的美味公司支持這本書的人。

- 我的媽媽和爸爸，一直是我最大的支持者，並教會了我許多事。

- 透過這本書，我意識到我們人生中有多少人希望我們成功。我保證，希望看到你獲勝的人比你想像的要多。我就是其中之一！

- 如果您覺得被我漏掉了（真抱歉！），請在此加入您的名字：_____

# 注釋

**P.19　「以實驗爲基礎的行銷方法」：**

Noah Kagan, "Growth Marketing Mint.com from Zero to 1 Million Users," OkDork (blog), February 6, 2017, https://okdork .com/quant-based-marketing-for-pre-launch-start-ups.

## 第一部：開始

**P.23　「兩個錯誤」：**

註：這句話被普遍認為是佛陀所說；然而，這句話並非源自於任何已知作品。

**P.35　「正如我景仰的拉爾夫・沃爾多・愛默生（Ralph Waldo Emerson）所言」：**

註：這句話被普遍認為是拉爾夫・沃爾多・愛默生（Ralph Waldo Emerson）和馬克・吐溫（Mark Twain）的作品；然而，事實上並非源自於他們任何已知的作品。

## 第二章　開口要求，好處多多

### P.49　「舉個例子」：

Kyle MacDonald, "What If You Could Trade a Paperclip for a House？" Kyle MacDonald, TEDxVienna, November 20, 2015, video, 13:22, https://youtube /8s3bdVxuFBs.

### P.56　「莎拉‧布萊克莉（Sara Blakely）的成長過程」：

Caroline Bankoff, "How Selling Fax Machines Helped Make Spanx Inventor Sara Blakely a Billionaire," The Vindicated, New York, October 31, 2016, https://nymag.com/vindicated/2016/10/how-selling-fax -machines-helped-sara-blakely-invent-spanx.html.

### P.58　「如果你一開始得到的答案是不」：

Daniel A. Newark, Francis J. Flynn, and Vanessa K. Bohns, "Once Bitten, Twice Shy: The Effect of a Past Refusal on Expectations of Future Compliance," Social Psychological and Personality Science 5, no. 2 (2014): 218-225, doi: 10.1177/1948550613490967.

## 第三章　尋找百萬美元好點子

### P.75　「史蒂夫‧賈伯斯說」：

superapple4ever, "Apple's World Wide Developers Conference 1997 with Steve Jobs," YouTube, June 5, 2011, video, 1:11:10〔52:15-52:22〕, https://www .youtube.com/watch？v=GnO7D5UaDig.

**P.75　「傑夫・貝佐斯也堅持，所有亞馬遜員工……」：**

Amazon staff, "2016 Letter to Shareholders," About Amazon, April 17, 2017, https://www .aboutamazon.com/news/company-news/2016-letter-to-shareholders.

**P.75　「領導原則中的第一條」：**

"Leadership Principles," Amazon Jobs, https://www.amazon.jobs/content/en/our-workplace/leadership-principles.

**P.89　「馬克・祖克柏在一個週末……創建了 Facebook」：**

Katharine A. Kaplan, "Facemash Creator Survives Ad Board," The Harvard Crimson, November 19, 2003, https://www.thecrimson .com/article/2003/11/19/facemash-creator-survives-ad-board-the/.

**P.89　「微軟的開始是源自於……」：**

"Microsoft Fast Facts: 1975," Microsoft News, May 9, 2000, https://news.microsoft.com /2000/05/09/microsoft-fastfacts-1975/.

## 第四章　一分鐘商業模型

### P.108　「5 分鐘後」：

Noah Kagan, "How I Made $1K in 24 Hours-Sumo Jerky," OkDork (blog), April 24, 2020, https://okdork.com/make-money-today/.

### P.111　「Same Ole Line Dudes（SOLD）代客排隊服務」：

Christie Post, "Meet the New York City Dudes Who Will Wait in Line So You Don't Have To," The Penny Hoarder, August 13, 2020, https://www .thepennyhoarder.com/make-money/start-a-business/same-ole-line-dudes/.

### P.111　「最低收費 50 美元」：

Pricing-Same Ole Line Dudes, LLCs，Same Ole Line Dudes，2023 年 1 月 18 月　訪　問，http://www. sameolelinedudes.com /pricing。

### P.111　「這項業務爲羅伯特每年賺進……」：

Adam Gabbatt, "A Five-Day Wait for $5,000': The Man Who Queues for the Uber-Rich," The Guardian, May 5, 2022, https://www.theguardian.com/us-news/2022/may/05/a-five-day-wait-for-5000-the-man-who-queues-for-the-uber-rich

## P.111 「科迪・桑切斯（Codie Sanchez）的「無聊」生意」：

Kimberly Zhang, "Codie Sanchez: Builder of an 8-Figure Portfolio Buying 'Boring Businesses,'" Under30CEO, May 26, 2022, https://www .under30ceo.com/codie-sanchez-interview/.

## 第五章　48 小時金錢挑戰

## P.152 「Instagram 最初是」：

Megan Garber, "Instagram Was First Called 'Burbn,'" The Atlantic, July 2, 2014, https://www .theatlantic.com/technology/archive/2014/07/instagram-used-to-be-called-brbn/373815/

## P.153 「Slack 最初是」：

Kate Clark, "The Slack Origin Story,"TechCrunch, May 30, 2019, https://techcrunch.com/2019 /05/30/the-slack-origin-story/.

第六章　用社群媒體來成長

**P.163** 「唯一同時入選國家美式足球聯盟（NFL）以及美國職棒大聯盟明星賽（MLB all-star）的運動員」：

David Adler and Manny Randhawa,"Tough to Choose: Top Two-Sport Athletes," MLB, February 1, 2023, https://www.mlb.com/news/list-of-top-athletes-to-play-2-or-more-sports-c215130098.

**P.166** 「行銷大師賽斯‧高汀（Seth Godin）所說的「最小可行受眾」」：

Seth Godin, "The Smallest Viable Audience," Seth's Blog (blog), May 22, 2022, https://seths.blog/2022/05/the-smallest-viable-audience/.

**P.166** 「1,000 個鐵粉」：

Kevin Kelly, "1,000 True Fans," The Technium (blog), March 4, 2008, https://kk.org /thetechnium/1000-true-fans/.

**P.168** 「以丹尼王（Danny Wang）設計公司爲例」：

Danny Wang (@dannywangdesign), TikTok, accessed January 18, 2023, https://www.tiktok.com/@dannywangdesign.

**P.169** 「我有幸爲 OkDork 採訪他」：

Noah Kagan, "How to Create an Email Newsletter,"

OkDork (blog), April 15, 2020, https://okdork .com/how-to-create-an-email-newsletter/.

**P.174 「賈斯汀・威爾斯（Justin Welsh）透過 LinkedIn 銷售」：**

"How Justin Welsh Built a $1,300,000 Business," Gumroad, November 21, 2021, https://gumroad.gumroad.com/p/how-justin-welsh-built-a-one-person-1-000-000-business.

**P.174 「前《滾石》雜誌編輯馬特・泰比（Matt Taibbi）」：**

Ross Barkan, "What Happened to Matt Taibbi？" New York, October 29, 2021, https://nymag.com/intelligencer/2021/10/what-happened-to-matt-taibbi.html.

**P.175 「Sweaty Startup 的尼克・赫柏（Nick Huber）透過推特」：**

Nick Huber (@sweatystartup), "An update on my portfolio of businesses and an outline of my 5-10 year goals," Twitter, June 20, 2023, 10:26 a.m., https://twitter.com/sweatystartup/status /1671207958066212893.

**P.175 「一個 YouTube 訂閱相當於」：**

Jim Louderback, "Comparing TikTok, Instagram and

YouTube Subscriber Value-Plus YouTube's 7 Year Itch and Much More!" LinkedIn, July 27, 2021, https://www.linkedin.com/pulse/comparing-tiktok -instagram-youtube-subscriber-value-jim-louderback/.

### P.176 「YouTube 是網路上最大的串流影片網站」：

Matteo Duò, "10 Best Video Hosting Solutions to Consider (Free vs Paid)," Kinsta, September 26, 2023, https://kinsta.com/blog/video -hosting/.

### P.176 「它擁有 1.22 億每日活躍用戶」：

Brian Dean, "How Many People Use YouTube in 2023？〔New Data〕," Backlink, accessed July 10, 2023, https://backlinko.com/youtube-users.

### P.176 「像 SunnyV2 一樣規模龐大」：

SunnyV2 (@SunnyV2), YouTube, accessed January 18, 2023, https://www.youtube.com /@SunnyV2.

### P.180 「阿里已成為網路紅人」：

Ali Abdaal, "How Much Money I Make as a YouTuber (2021)," YouTube, December 16, 2021, video, https://www.youtube.com/watch？v=Toz7XESSH_o.

### P.181 「達斯汀水族箱（Dustin's Fish Tanks）的達斯

汀‧溫德利（Dustin Wunderlich）」：

Dustin's Fish Tanks (@Dustinsfishtanks), YouTube, accessed January 18, 2023, https://www.youtube.com/@Dustinsfishtanks.

**P.182** 「他的業務範圍擴展到了魚類所有相關領域」：

"DustinsFishtanks Profile and History," Datanyze, accessed January 18, 2023, https:// www.datanyze.com/companies/dustinsfishtanks/397643365.

**P.182** 「還有奧斯汀的凱爾‧拉索塔 (Kyle Lasota)」：

Kylegotcamera(@Kylegotcamera), YouTube, accessed January 18, 2023, https://www.youtube.com/@Kylegotcamera.

**P.182** 「安迪‧施奈德（Andy Schneider），又名「雞語者」」：

"All about the Chicken Whisper", The Chicken Whisperer, accessed January 18,2023, http://www.chickenwhisperer.com/all-about .html。

**P.185** 「關於這一點，可以舉麥特」：

An example of this is: Matt's Off Road Recovery(@Matts OffRoad Recovery), YouTube, accessed January 18, 2023, https://www.youtube.com/@Matts OffRoad Recovery.

P.186 「Legal Eagle 的戴文·史東（Devin Stone）」：

Devin Stone of LegalEagle: Legal Eagle (@LegalEagle), YouTube, accessed January 18, 2023, https://www.youtube.com/@Legal Eagle.

## 第七章　用電子郵件來獲利

P.189 「那封郵件開頭的第一句話」：

Neville Medhora, "The Ten Thousand Dollar Day," Copywriting Course Members Area (blog), February 3, 2015, https://copywritingcourse.com /the-ten-thousand-dollar-day/.

P.198 「數位出版商 LittleThings」：

Katie Canales, "Startup Founder Says He Lost His Company and $100 Million by Relying on Facebook: 'Sends Chills down My Spine' to Watch Others Build Businesses on Instagram and TikTok," Business Insider, February 25, 2022, https://www .businessinsider.com/facebook-startup-founder-littlethings-joe-speiser-2018-algorithm-change-2022-2.

P.200 「健康的電子郵件清單開啟率」：

A healthy email list has: "Email Marketing Statistics and Benchmarks by Industry," Mailchimp, accessed January 18,

2023, https://mailchimp.com/en-ca/resources/email-marketing-benchmarks/.

**P.205　「平均而言，一個人每天傳送大約 40 封電子郵件」：**

Jason Wise, "How Many Emails Does the Average Person Receive per Day in 2023 ？ " EarthWeb, last updated May 13, 2023, https://earthweb .com/how-many-emails-does-the-average-person-receive-per-day/.

**P.210　「Mapped Out Money 頻道的 YouTuber 尼克・特魯（Nick True）」：**

Kayla Voigt, "How YouTuber Nick True Uses Dedicated Lead Magnets and Automations to Grow His Email List to Over 10,000 Subscribers," ConvertKit, March 22, 2022, https://convertkit.com/resources/blog/nick-true-case-study.

**P.211　「她的王牌加入誘因」：**

"The Story behind Love and London," Jessica Dante, accessed January 18, 2023, https:// jessicadante.com/love-and-london.

**P.217　「我個人認爲 SendFox.com 非常好」：**

Priscilla Tan, "The Best Paid and Free Autoresponder (How to Pick Yours in 15 Minutes)," Sumo, February 10, 2020, https://sumo.com/stories/free -autoresponder.

### P.218　「我記得這些人曾在我的部落格留言」：

Leo Widrich, February 27, 2011 (10:22 a.m.), comment on Noah Kagan, "Daily Accountability Marketing Metrics," OkDork (blog), https://okdork.com/daily-accountability-marketing-metrics/.

### P.218　「但我知道的是」：

Iyabo Oyawale, "How to Grow a Startup from $0 to $20 Million in ARR-The Buffer Story," CopyVista, January 11, 2021, https://copyvista.com/the -buffer-story/.

### P.218　「爲了避免這樣的失敗」：

Noah Kagan, "The SECRET to Becoming a PRODUCTIVITY MASTER (Never Be Lazy Again)," YouTube, August 12, 2020, video, 9:55〔02:56-04:58〕, https://www.youtube.com/watch？v=KLgIrxXvb44.

### P.218　「讓我用一個佛羅里達大學（University of Florida）的瘋狂研究來解釋」：

James Clear, "Why Trying to Be Perfect Won't Help You Achieve Your Goals (And What Will)," James Clear (blog), February 4, 2020, https:// jamesclear.com/repetitions.（註：

佛羅里達大學教授 Jerry Uelsmann 與 David Bayles 和 Ted Orland 分享他的策略，後來兩人在 1993 年出版的《藝術與恐懼》書中將實驗主題從攝影改為陶瓷。克利爾的文章對 Uelsmann 的策略以及在上述書中的內容都做了出色的解釋）

**P.219　「這可以防止你屈服」：**

Seth Godin, The Dip: A Little Book That Teaches You When to Quit (and When to Stick) (New York: Portfolio, 2007).

## 第八章　成長機器

**P.223　「2007 年九月」：**

Noah Kagan, "Growth Marketing Mint.com from Zero to 1 Million Users," OkDork (blog), February 6, 2017, https://okdork.com/quant-based -marketing-for-pre-launch-start-ups/.

**P.230　「丹尼爾是一位攀岩愛好者」：**

Noah Kagan, "How to Create a \$4,000 per Month Muse in 5 Days (Plus: How to Get Me as Your Mentor)," Tim Ferriss (blog), October 28, 2013, https://tim.blog/2013/10/28/business-mentorship-and-muses/.

## 第九章　今年的 52 次機會

### P.283　「哈利的電子郵件清單有 10 萬名訂閱者」：

Marketing Examples, accessed January 19, 2023, https://marketingexamples.com/.

### P.283　「LinkedIn 上有 3 萬名追蹤者」：

"Harry Dry," LinkedIn, accessed January 19, 2023, https://www.linkedin.com/in /harrydry/.

### P.283　「推特上有 14 萬追蹤者」：

Marketing Examples(@GoodMarketingHQ), Twitter, accessed January 19, 2023,https://twitter.com/goodmarketinghq.

高寶書版集團
gobooks.com.tw

**RI 394**

一個週末！打造千萬事業：七次創業都成功，創造財富破億！超簡單公式教會
你找到需求 X 設計方案 X 持續成長，將收益最大化
Million Dollar Weekend: The Surprisingly Simple Way to Launch a 7-Figure Business in
48 Hours

作　　者　諾亞·凱根（Noah Kagan）、塔爾·拉茲（Tahl Raz）
譯　　者　林宜萱
責任編輯　陳柔含
封面設計　林政嘉
內頁排版　賴姵均
企　　劃　陳玟璇


發 行 人　朱凱蕾
出　　版　英屬維京群島商高寶國際有限公司台灣分公司
　　　　　Global Group Holdings, Ltd.
地　　址　台北市內湖區洲子街 88 號 3 樓
網　　址　gobooks.com.tw
電　　話　（02）27992788
電　　郵　readers@gobooks.com.tw（讀者服務部）
傳　　真　出版部（02）27990909　行銷部（02）27993088
郵政劃撥　19394552
戶　　名　英屬維京群島商高寶國際有限公司台灣分公司
發　　行　英屬維京群島商高寶國際有限公司台灣分公司
法律顧問　永然聯合法律事務所
初版日期　2024 年 12 月

This edition is published by arrangement with Portfolio, an imprint of Penguin Publishing
Group, a division of Penguin Random House LLC through Andrew Nurnberg Associates
International Limited.
All rights reserved.

國家圖書館出版品預行編目（CIP）資料

一個週末！打造千萬事業：七次創業都成功,創造財富破
億！超簡單公式教會你找到需求 x 設計方案 x 持續成長,
將收益最大化/諾亞.凱根 (Noah Kagan), 塔爾.拉茲
(Tahl Raz) 著；林宜萱譯. -- 初版. -- 臺北市：英屬維京
群島商高寶國際有限公司臺灣分公司, 2024.12
　　　面；　　公分 .--（致富館；RI 394）

譯自：Million dollar weekend : the surprisingly simple
way to launch a 7-figure business in 48 hours.

ISBN 978-626-402-134-0( 平裝 )

1.CST: 創業　2.CST: 企業經營　3.CST: 商業管理
4.CST: 策略規劃

494.1　　　　　　　　　　　　　113017601